园部美知子
玫瑰色拼布小物

（日）园部美知子 著

段 帆 译

Michiko Sonobe Patchwork Quilt

patchwork

河南科学技术出版社

· 郑 州 ·

前 言
Michiko Sonobe

我喜欢小物件。这些小物件伴随在我身边，把我的生活点缀得丰富多彩。手工制品的小物件更令我爱不释手。小物件既要可爱，又要有使用价值。我的宗旨就是将来自素材的灵感以及流行风格都融入小物件中。玫瑰是我永远的主题，我希望那些散发着玫瑰芳香的古色古香的小物件，能成为大家每天生活中的盛开的玫瑰。

目录

玫瑰色的漂亮小物 ④

⑳ 作品的创意

缝纫用具的制作乐趣 ㉒

㉞ 我收藏的古艺术品

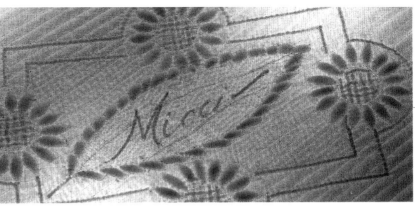

Victorian

维多利亚风格

所谓维多利亚风格，是指英国维多利亚女王时代（1837－1901年）所流行的华丽的服装风格。其代表样式是女性的紧身上衣搭配有硬环支撑的大摆裙子。服装和流行的小物都用蕾丝、褶边、缎带、穗带、珠子等装饰。用这一时代的风格制作的各种物品，至今仍很受欢迎。

漂亮小物

手提包和小布袋

手提包和小布袋运用柔软的蕾丝、光滑的缎带、闪耀的珠子装饰，非常雅致。其独到之处是用玫瑰花图案的印花布以及缎带制作的玫瑰作为主题图案并加以点缀。舞会、旅行、平时散步时带在身边，能让人感到一种沁人心脾的芳香。

01
子母包

子母包的造型为漂亮时尚的梯形。成套制作在旅行和外出时非常实用。采用缎带制作的立体玫瑰和袋口的蕾丝是其突出之处。

制作方法参见
Page **6**

01 子母包

材料（大包1个量）

前后片底布…灰白色波纹绸印花布45cm×40cm，贴布用布…淡蓝色印花布30cm×25cm，蕾丝剪接布、内袋用布…深粉色波纹绸45cm×40cm，铺棉50cm×45cm，宽1.5cm的黄绿色棉绒缎带25cm，2条宽7.5cm的坯布花边组各33cm，宽1cm的深棕色人造革带100cm，直径1cm的子母扣1组，缎带、珠子、刺绣线各适量

成品尺寸　请参照图示

制作方法

①参照图示，缝合碎布块，并在底布上缝合贴布，制作前后片表布。

②将步骤①制作的表布分别重叠铺棉后绗缝，并缝合缎带玫瑰、珠子和刺绣。

③将前片和后片正面相对，缝合至止缝点，然后翻到正面。

④将内袋前后片正面相对，缝合至止缝点。

⑤将主体和内袋重叠，在袋口插入提手后用疏缝固定，将内袋的缝份向内折并固定。然后从正面用缝纫机自始缝点缝合至止缝点。

⑥在前后片的袋口锁缝花边组合。然后安装子母扣。

★子母包（小）的制作方法相同。

★实物大小的子母包（大）（小）纸样请参见纸型A面。

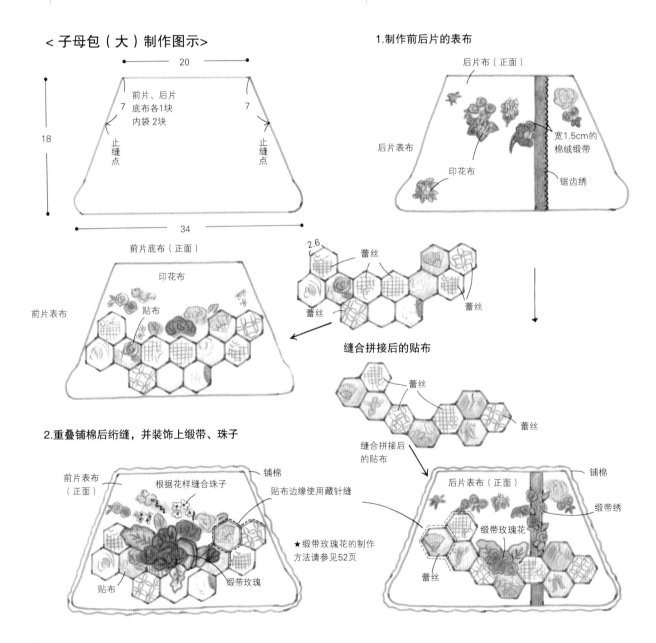

< 子母包（大）制作图示 >

20

前片、后片
底布各1块
内袋 2块

7　　7

18

止缝点　止缝点

34

前片底布（正面）

印花布

前片表布

贴布

1.制作前后片的表布

后片布（正面）

后片表布

印花布

宽1.5cm的棉绒缎带

锯齿绣

2.6　蕾丝

蕾丝　蕾丝

缝合拼接后的贴布

蕾丝

蕾丝

缝合拼接后的贴布

2.重叠铺棉后绗缝，并装饰上缎带、珠子

前片表布（正面）

根据花样缝合珠子

铺棉

贴布边缘使用藏针缝

★缎带玫瑰花的制作方法请参见52页

贴布

缎带玫瑰

后片表布（正面）

铺棉

缎带绣

缎带玫瑰花

蕾丝

3.缝合前后片

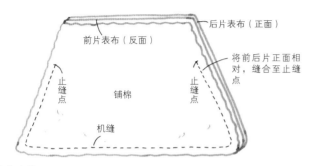

后片表布（正面）

前片表布（反面）

将前后片正面相对，缝合至止缝点

止缝点

止缝点

铺棉

机缝

成品图

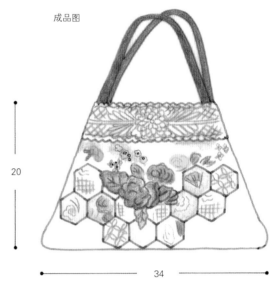

20

34

4.缝合内袋

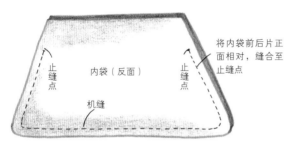

将内袋前后片正面相对，缝合至止缝点

止缝点

止缝点

内袋（反面）

机缝

5.插入提手，缝合主体和内袋

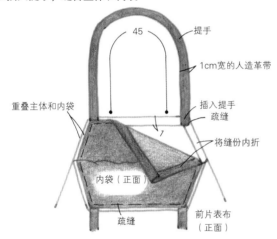

45

提手

1cm宽的人造革带

重叠主体和内袋

插入提手

疏缝

将缝份内折

内袋（正面）

疏缝

前片表布（正面）

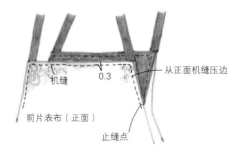

机缝 0.3

从正面机缝压边

前片表布（正面）

止缝点

6.锁缝花边组合，安装子母扣

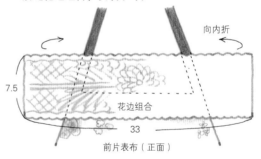

向内折

7.5

花边组合

33

前片表布（正面）

1

直径0.5cm子母扣

内袋（正面）

卷针缝

★小包的制作方法相同

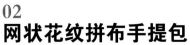

02
网状花纹拼布手提包

用各种蕾丝拼布制作后重叠在网状材料上的手提包。网布很结实，是可以用缝纫机缝制的方便材料。制作款式素雅，有透明的感觉。

制作方法参见
Page **58**

03
网状花纹手提包

这个手提包和02一样，在网状材料上缝上小木屋图案，加上缎带刺绣和边饰带，非常可爱。竖长的形状较方便使用。

制作方法参见
Page **59**

04
小布袋

小小的布袋作为装饰挂在脖子上非常时尚。附带拉锁，可以放入细长的东西，在舞会等场合非常抢眼。

制作方法
Page **60**

05
大手提包

大手提包既可以自我欣赏，也非常
适合外出时使用。侧片外形浑圆非
常时尚，不仅易于携带，而且还可
以装入不少行李。玫瑰饰花和飘逸
的穗带是其设计的亮点。

制作方法
Page **12**

细部

细部

05 大手提包

材料

（大包1个量）

表布…A格子印花布60cm×65cm（含内袋用布）、B淡色印花布50cm×12cm，白色波纹绸印花布50cm×10cm，铺棉50cm×40cm，宽1.5cm的深粉色、黄绿色和宽3.5cm的蓝色棉绒缎带各50cm，宽1cm的粉色缎带280cm，宽1.8cm（2种）、2.2cm的蕾丝各50cm，蓝色小花边饰带50cm，宽2cm的蕾丝（袋口用）、边饰带各75cm，宽2.5cm的缎子缎带（处理袋口用）75cm，宽0.8cm的皮提手1组，花边组合1条，饰花1个，直径1cm的子母扣1组，珠子、珍珠、刺绣线各适量

成品尺寸　请参照图示

制作方法

①参照图示，拼接布块，制作表布。

②在步骤①制作好的表布上重叠铺棉，并缝上缎带、蕾丝。

③装饰上边饰带和珠子，然后做缎带绣。

④将步骤③制作好的布正面朝里对折，用缝纫机缝合两片，然后翻到正面。

⑤参照图示，制作内袋，并重叠在主体的内部。

⑥用缎带在袋口包边，并缝合蕾丝和边饰带。

⑦将两条缎带重叠后穿入提手的D形环中，并缝在主体上。然后用珠绣将花边组合固定在主体上。

⑧翻到反面，在底部缝制三角形的侧片，并安装子母扣。

⑨将装饰用玫瑰花缝在前片。

<大手提包制作图示>

1. 拼接布块，制作表布

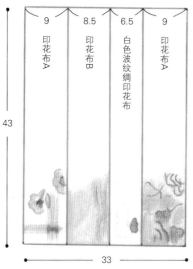

2. 重叠铺棉，并缝上缎带、蕾丝

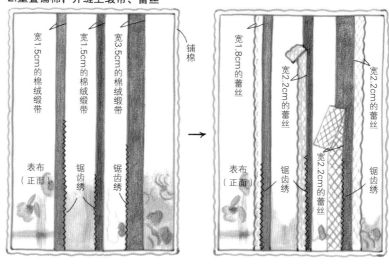

3. 装饰上边饰带、珠子，然后制作缎带绣

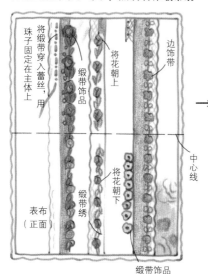

4. 正面朝里对折，缝合两侧

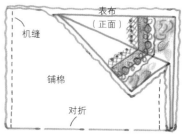

正面朝里对折后缝合两侧

5. 制作内袋

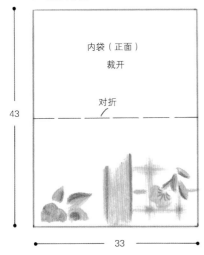

内袋（正面）

裁开

对折

43

33

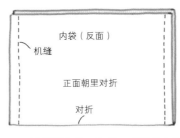

机缝

内袋（反面）

正面朝里对折

对折

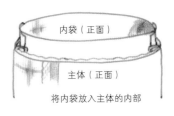

内袋（正面）

主体（正面）

将内袋放入主体的内部

6.用缎带在袋口包边，并装饰上蕾丝和边饰带

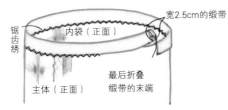

锯齿绣

内袋（正面）

宽2.5cm的缎带

最后折叠缎带的末端

主体（正面）

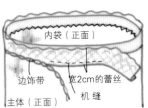

内袋（正面）

边饰带

宽2cm的蕾丝

机缝

主体（正面）

7.将提手缝在主体上

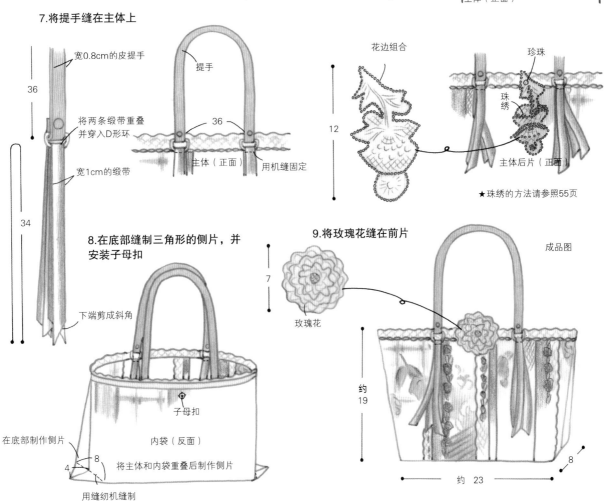

宽0.8cm的皮提手

36

将两条缎带重叠并穿入D形环

宽1cm的缎带

34

提手

36

主体（正面）

用机缝固定

花边组合

珍珠

珠绣

12

主体后片（正面）

★珠绣的方法请参照55页

8.在底部缝制三角形的侧片，并安装子母扣

下端剪成斜角

子母扣

在底部制作侧片

内袋（反面）

4   8

将主体和内袋重叠后制作侧片

用缝纫机缝制

9.将玫瑰花缝在前片

7

玫瑰花

成品图

约19

约 23

8

8

13

06
纸巾包

连接六边形缝合贴布
后的纸巾包非常招人
喜爱，随时随地都想
放入手提包里；作为
礼物送给朋友也很受
欢迎。

制作方法参见
Page **61**

07
小手提包

小手提包上提手处的小缎带非常可爱。边缘部位的黑色蕾丝和深绿色是其突出之处。正因为是个小物，所以内部也可以使用可爱的布料制作。

制作方法参见
Page **70**

制作方法参见 Page 70

Bag & Pouch

08

心形小布袋

两款颜色各异的心形小布袋。内部的支架穿入戒指等。无论拿在手上或放入包内，尺寸都很合适。用缎带制作的玫瑰也小巧玲珑。

制作方法参见
Page **18**

17

08 心形小布袋

材料

（心形小布袋1个量）

前后片底布、拼布用布、贴布用布…黑色波纹绸30cm×20cm，2种提花印花布各30cm×20cm，里布（含环形支架用布）30cm×40cm，铺棉40cm×40cm，宽6cm的坯布花边12cm，宽1.5cm、5cm的黑色蕾丝花边各15cm，宽1.8cm的坯布花边25cm，宽2cm的白色网状缎带（制作缎带玫瑰用）90cm，白色边饰带100cm，宽0.5cm的茶色皮带32cm，直径0.8cm的子母扣1组，蕾丝、缎带、珠子、珍珠、配件、刺绣线各适量

成品尺寸　请参照图示

制作方法

①参照图示，拼接布块并缝合贴布，制作前后片表布。

②将步骤①制作的表布与铺棉重叠并绗缝，然后缝上蕾丝、缎带和珠子，最后刺绣。

③参照图示，制作环形支架。

④将后片表布和里布正面相对，中间夹住环形支架的边缘，预留返口后缝合周边。同样，将前片表布和里布对齐后缝合周边。然后将两者翻到正面后用卷针缝缝合返口。

⑤将前片和后片正面朝外对齐，用卷针缝自始缝点缝合至止缝点。并在周围缝上边饰带。

⑥在主体内侧缝上提手，在后片的袋口缝上蕾丝，再在内片安装子母扣。

⑦在止缝点部位缝上缎带饰品，并制作缎带玫瑰，缝在下方。

★实物大小的心形纸样参见纸型A面

<心形小布袋制作图示>

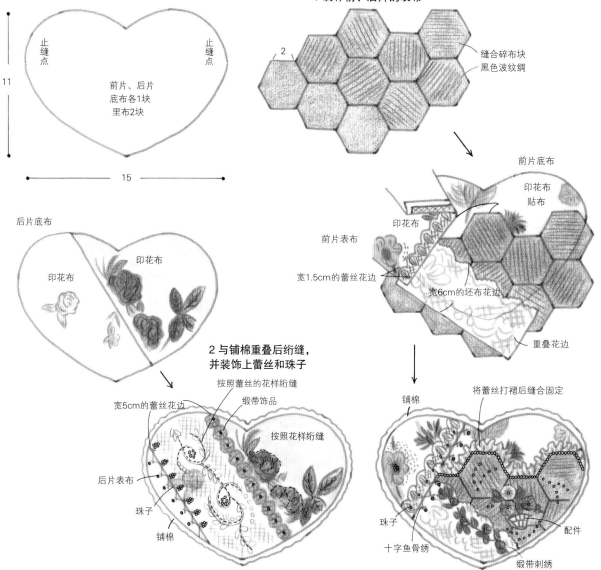

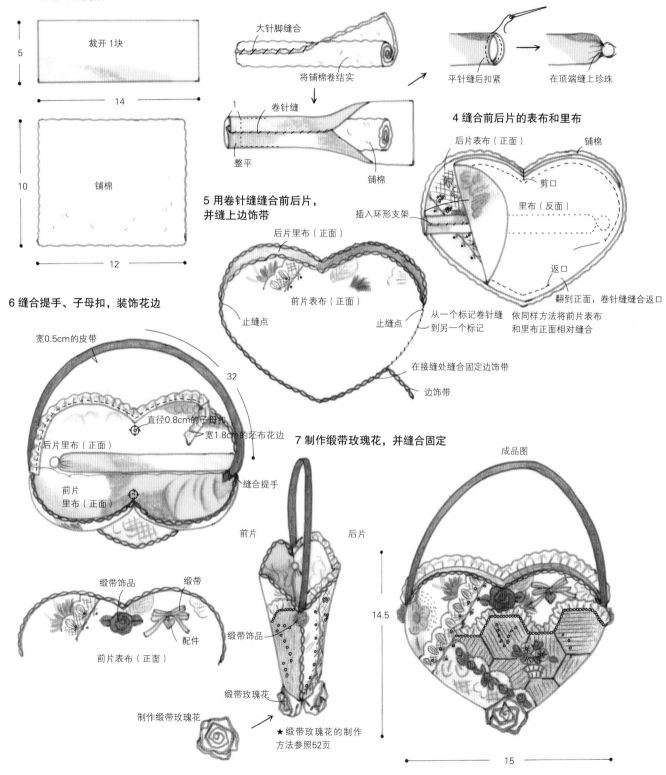

3 制作环形支架

5

14

裁开 1 块

10

12

铺棉

大针脚缝合

将铺棉卷结实

1

卷针缝

整平

铺棉

平针缝后扣紧

在顶端缝上珍珠

4 缝合前后片的表布和里布

后片表布（正面）

铺棉

剪口

里布（反面）

插入环形支架

返口

翻到正面，卷针缝缝合返口

依同样方法将前片表布和里布正面相对缝合

5 用卷针缝缝合前后片，并缝上边饰带

后片里布（正面）

前片表布（正面）

止缝点

止缝点

从一个标记卷针缝到另一个标记

在接缝处缝合固定边饰带

边饰带

6 缝合提手、子母扣，装饰花边

宽0.5cm的皮带

直径0.8cm的子母扣

宽1.8cm的坯布花边

后片里布（正面）

前片里布（正面）

缝合提手

32

7 制作缎带玫瑰花，并缝合固定

成品图

缎带饰品

缎带

配件

前片表布（正面）

制作缎带玫瑰花

前片

后片

缎带饰品

缎带玫瑰花

★缎带玫瑰花的制作方法参照52页

14.5

15

在塑料缠线板的上部用黏合剂粘贴浮雕宝石式的配件或与其直径尺寸相符的珍珠扣，会让平淡无奇的缠线板即刻变得华丽漂亮。既符合自己的品位，也会增加使用的乐趣。

在市售的纸制缠线板的两面粘贴维多利亚风格的花样纸进行装饰，并按照花样缠绕缎带或蕾丝。

这些都是在国外发现的古色古香的纽扣。创意之一就是将收集到的珍藏品缝在有铺棉重叠的黑色波纹绸上，并固定在相框内，直到它们有用武之地。这种相框，既可以作为室内装饰，也可以激发创作灵感。

作品的创意

雅致的陶瓷器是女性的最爱之一。可以在喜欢的小咖啡杯、装饰盒或小托盘上放入一个量身制作的装有填充棉的针插。选用有质感的布料和蕾丝制作会华美无比，和滑润的陶瓷器相得益彰。

制作时关键是要发挥想象，注重细节。有时一个创意就能将一个空盒子变成一个绝佳的针线盒。在盒子内部牢牢粘贴布料和蕾丝，并用缎带缝上一个方便的储物袋，一个实用而漂亮的针线盒即脱颖而出。

这个装饰针插巧妙地运用了美丽的哥白林织物的花样，并添加了豪华的珠绣。中间的填充物柔软丰满，周边装饰有珠子穗带，腿部缝制4个手提包用的挡珠，富有立体感。可以嵌在正方形的盒子里使用。

如果您对拼布有兴趣，就不要仅仅满足于作品的创作，也要按照自己的风格充分享受其周围物品所带来的乐趣。可以稍微装饰一下那些缝纫线、纽扣等待用的材料，加工一下身边的盒子和陶器，使它们变成自己独有的缝纫小物，也可以凭借一个小小创意将身边的材料和工具装饰成只有自己喜欢的样式。随时捕捉与您身边物品有联系的这些创意，可以使您的拼布生活更加丰富多彩。

09
小针线盒
杯形针插

这个边长为6cm的正方形盒子，打开一看其实是一个小针线盒，里面刚好装下针插和一个缠线板，迷你尺寸，非常可爱。您也想将它悄悄地放进手提包里吧。带有托盘的杯形针插放在缝纫桌上也是个亮点。

制作方法参见

Page **62**、**63**

Sewing

缝纫

对做针线活的女性来说，缝纫用具本身就是她们的乐趣之一，如果能凭自己的灵感手工制作，将是一件非常美妙的事情。有时一边缅怀过去，一边用现代手艺再现古典艺术品的美丽，也是令我陶醉的美妙时光。

10
针线盒

重要的缝纫用具可以放入这样的针线盒中。盖子开口较大，并设计有缎带制作的顶针袋，使用非常方便。此盒也可以装饰在房间内以供欣赏。

制作方法参见
Page **64**

Sewing

局部

11
台式针线盒

在只有自己使用的小桌上放置一个小型的台式针线盒，非常漂亮。解开左右两片的缎带，打开盖子，在隔板内壁上可见缎带制作的夹层。

制作方法参见
Page **66**

12
古典针线盒

诞生于古典艺术品中的缝纫小物

过去女性所喜爱的缝纫用具是宝贵的古典艺术品，仅仅观赏一下，内心便会沉浸于幸福之中。对于以维多利亚风格为创作主题的我来说，汲取其精髓，创作新作品也是我最大的乐趣之一。这里为大家介绍我每次去海外旅行时所收集珍藏的古典艺术品，以及由此而诞生的新作品。

作品

Work

制作方法参见
Page **68**

这个针线盒乍看是个普通的盒子，打开以后却好似盛开的花朵，是参考一款纸制的古典艺术品制作的。边缘部位装饰有边饰带和珠子，盖子做成了曲线形，非常可爱。空间虽小但却填满了乐趣。

古典艺术品

Antique

这个针线盒很受古董收藏家们的欢
迎。据说从前在中间的盒子里放的
是顶针或带状的卷尺。深蓝色搭配
着至今仍亮丽如新的黄色，暗示着
当年的华丽富贵。

13
卷尺、针插

作品
Work

制作方法参见
Page **71**

古老的缝纫用具无论多小，都装饰得小巧玲珑。心存对这些用具的向往，制作了这几款缝纫小物。一个小小的创意和些许功夫就可以让市场上出售的卷尺和剪刀华丽出场。

古典艺术品

Antique

这是一款使用2枚扇形贝壳制作的古
针插。小小的荷叶边招人喜爱。带
有玫瑰刺绣的卷尺盒，其大流苏使
人可以想象当时的悠然自得。

14
剪刀套

作品
Work
制作方法参见
Page **72**

剪刀是做针线活时不可缺少的工具，为了小心保管剪刀，剪刀套必不可少。漂亮的剪刀套还能提高制作人的兴趣。缝上拉链，可以作为装饰品带在身边。

Antique

古典艺术品

—————— Antique

这是一款皮制剪刀套，可以放入3
把不同型号的剪刀。剪刀的把柄部
位雕刻有细小的花纹。由于保存完
好，剪刀尖儿至今仍光亮如新，一
如既往的美丽。

15
贝壳状顶针盒

作品

Work

制作方法参见
Page 74

贝壳状顶针盒的形状可爱无比，于是仿制了此款作品。将其内部整理一下也可用作装饰品盒。

古典艺术品

Antique

贝壳状的盒子里，整齐地排列着13
个顶针。盒盖上画有两位少女，古
铜色脸庞上的表情非常优美。盒内
衬的粉色布也格外可爱。

Micci'S Antique

1. 这款装有缝纫用具的盒子在我的收藏品中是最珍贵的宝物，里面装有很多装饰精细的用具。盒子上的锁还完好无损。

2. 这款古罐中安装陈列着偶人卡片，是原创的3D作品。

3. 这是我最喜欢的陶花篮，每个小花瓣的颜色都很漂亮。

4. 将喜欢的卡片类东西整齐地摆放在相框里，装饰在房间里供欣赏。

5. 这是一款以玫瑰花为主题图案的珠饰手提包，做工精巧而复杂。当时的贵妇人们一定是拎着这样的手提包外出的。

6. 扇子是我作品中的一个主题，也是我非常喜欢的东西。

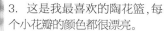

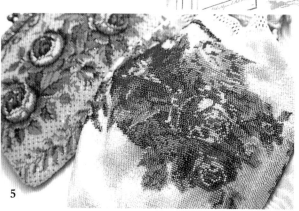

我收藏的古典艺术品

Collection

7. 这是难得搞到的迈森瓷器。花的颜色自不必说，画在其周边的昆虫也很可爱。
8. 最喜欢漂亮的古代蕾丝，那优雅而纤细的设计总是令人心动。
9. 这是一个三层托盘，上面的玫瑰花图案非常美丽。可以用它享受午后茶点的美好时光。

10. 银刷子和银镜子上有我喜欢的天使图案。被天使的表情所吸引，于是买了下来。
11. 做针线活的女孩是个美丽的陶制饰品。作为摆设放在眼前，心情就会平静下来。
12. 将买来的古色古香的材料整理整齐，保存在篮子里。
13. 这是一款茶壶套，其刺绣在发光丝绸上的玫瑰花非常漂亮，足够多的褶边也符合古典艺术品的韵味，很有魅力。

逛古董商店，是我海外旅行时的一大乐趣。只要踏入古铜色的店中，我就会像孩子一样兴奋不已，像发现宝物一般地注视着那些物品。我收集来的古物都是我的宝贝，除了剪刀、顶针、缠线板等缝纫用具外，还有最喜欢的陶器、白银制品，以及偶人、漂亮的蕾丝、缎带、边饰带等等，它们的存在可以带给我重要的灵感。这里就向大家介绍其中几款我的最爱。

维多利亚

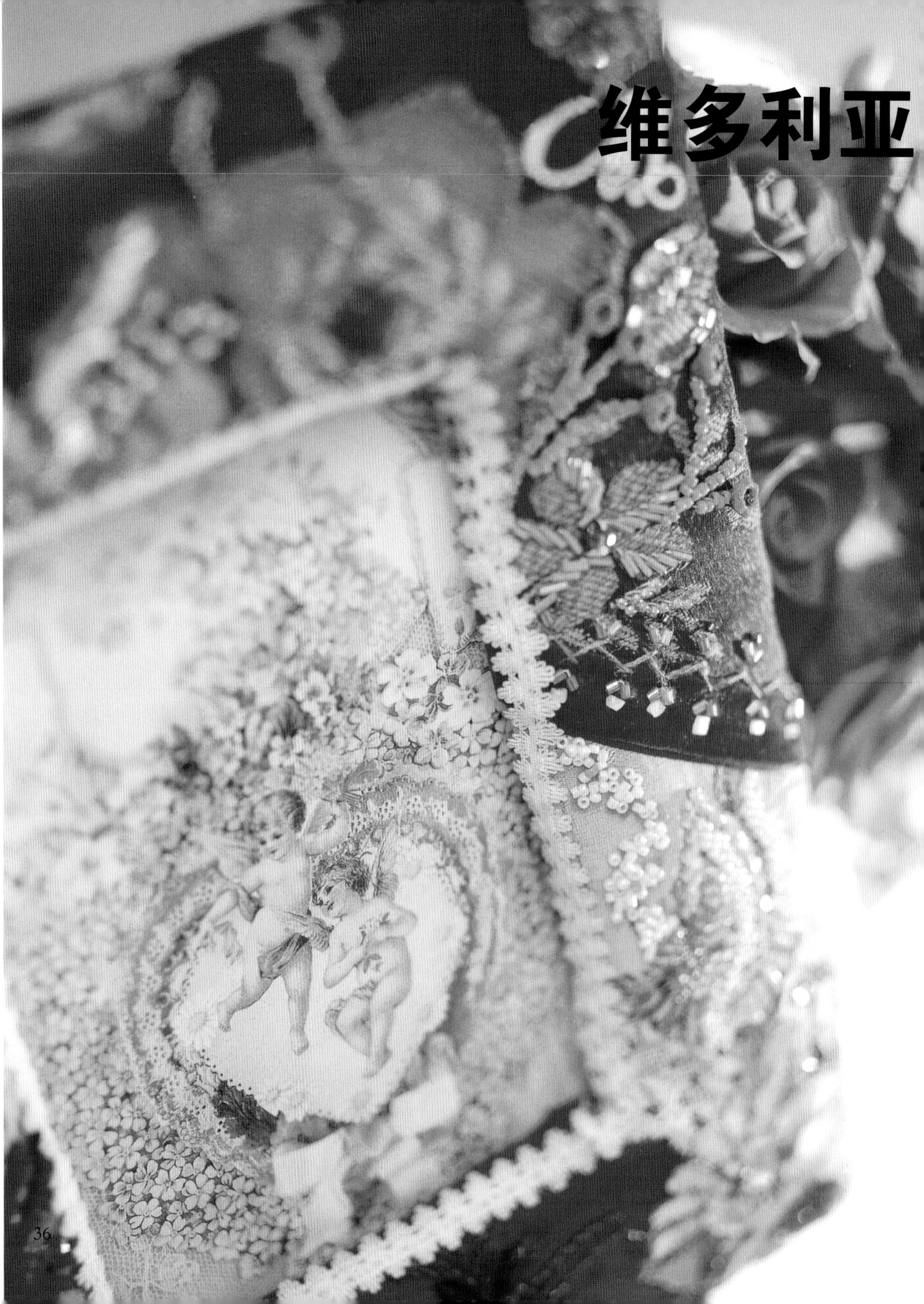

风格的室内装饰

16
相框

制作一个维多利亚风格的相框装饰着有纪念意义的照片。在碎布拼接成的底布上添加刺绣和珠绣，使其具有立体感。

制作方法参见
Page **76**

Interior

室内装饰

制作维多利亚风格的室内装饰小物，点缀房间里的每个小角落。对那些意欲把室内装饰得更时尚雅致的人，推荐使用像布雕一样的白玉拼布。在其旁边搭配上玫瑰花非常协调。

17
卡片袋

卡片袋用于插入纪念日的卡
片或重要的信件。为了使用
方便，底部做得较宽，插口
也做成了斜的。

制作方法参见
Page **77**

18

卡片夹

卡片夹周围的缎带非常可爱，内侧缝有使用宽幅蕾丝制作的口袋。对尺寸稍作修改，也可以用作杂记本和日记本的外皮。

制作方法参见
Page **78**

19
靠垫

制作方法参见
Page **42**

这个靠垫拼接成了小木屋样式，碎布块的接缝上缝有饰带。红色的褶边就是打了褶的缎带，摆放在房间的一角，能起到画龙点睛的作用，是个不错的室内装饰小物。

20

迷你挂毯

这是一个迷你挂毯，先将喜欢的布裁成正方形，然后再拼接制作而成。和靠垫配套制作，可以将房间里的小小空间装饰成维多利亚风格。

制作方法参见

Page **43**

Interior

19 靠垫

材料
拼布用布…提花织布、粉色织纹印花布等剪接布，后片布…提花织布40cm×35cm，铺棉、坯布各40cm×35cm，宽4.8cm的深红色缎带150cm，宽1cm的坯布花边130cm，深红色边饰带130cm，深红色绒球边饰带25cm，珠子、闪光饰物、边饰带各适量，棉芯
成品尺寸 40cm×36cm

制作方法
①参照图示，拼接布块，制作前片表布。
②将表布、铺棉、坯布三层重叠并绗缝。然后缝上边饰带、花边和珠子等。
③将步骤②制作好的前片表布和后片表布正面相对，预留返口后缝合周边。然后由返口翻到正面，装入棉芯后缝合返口。
④用缝纫机将缎带缝在周边，然后在上面缝上边饰带，完成制作。

<靠垫前片制作图示>（后片布尺寸相同，使用一块布）

1、2 制作前片表布，与铺棉、坯布重叠后绗缝

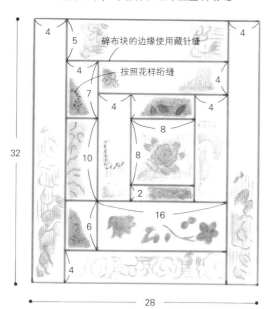

4 在周围缝上缎带和边饰带

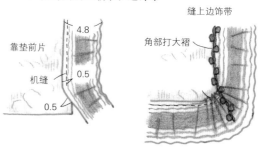

3 缝合前片布和后片布

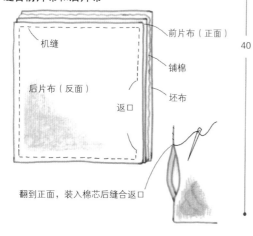

翻到正面，装入棉芯后缝合返口

成品图

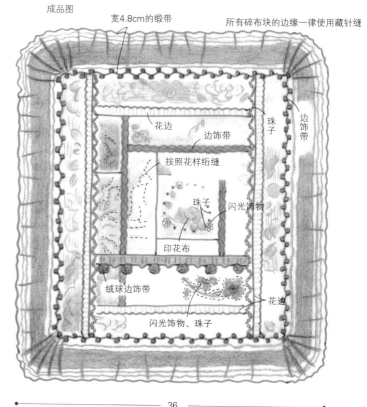

20 迷你挂毯

材料 拼布用布…35块提花织布、白色波纹绸印花布等碎布各10cm×11cm，饰边用布…深红色缎子花纹布40cm×70cm，里布、铺棉各65cm×75cm，滚边布（和里布花样相同）4.8cm×260cm，宽4.8cm的深红色缎带280cm，宽1cm的坯布花边430cm，贝壳纽扣24个，缎带、蕾丝、珠子、配件等各适量
成品尺寸　74.1cm×64.1cm

制作方法
①参照图示，拼接布块，制作表布中间图案，并在周边缝合饰边制作表布。
②将步骤①制作好的表布与铺棉、里布重叠后绗缝。
③在步骤②制作好的布的周边制作滚边。
④在碎布块的边缘缝合花边，并用珠子固定纽扣。
⑤在步骤④制作好的布周边的滚边上面缝合缎带。

<迷你挂毯制作图示>

1、2、3 参照图示，拼接布块并绗缝

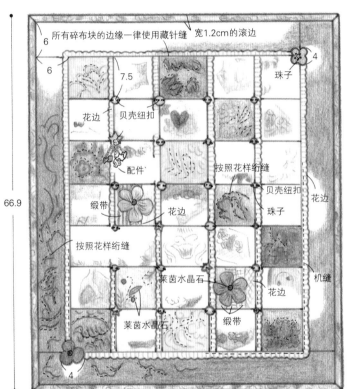

5 在周边缝上缎带

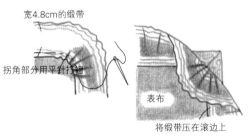

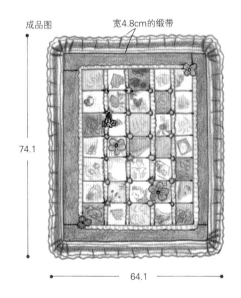

4 缝合花边，用珠子固定纽扣

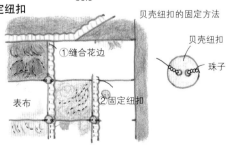

21
泰迪熊

使用华丽的印花布制作可爱的泰迪熊，即刻就变成了维多利亚风格。此外还给它穿上了蕾丝洋服，戴上了珠子饰品。

制作方法参见
Page **80**

22
灯罩

此款灯罩使用有伸缩性的弹力花边制作，花边上缝合了印花布的贴布。这种花边不仅可以用于台灯，也可以用于吊灯，用缎带制作的玫瑰花是其突出点。

制作方法参见
Page **82**

Interior

23　　　24
迷你拼布　针插

迷你拼布和针插运
用了绗缝和素压技
法制作，具有立体
感。迷你拼布的荷
叶边像花瓣一样，
非常可爱。

制作方法参见
Page **83**、**87**

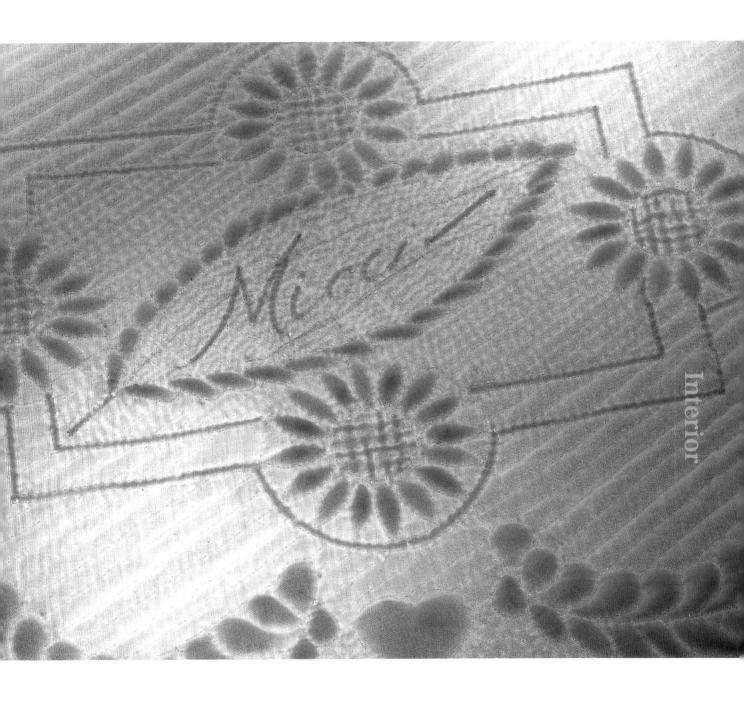

25
迷你挂毯

迷你挂毯使用白玉拼布法制作，先将2块布重叠，中间不夹入铺棉，缝制图案后，再填入毛线或棉花。图案的立体效果非常突出。

制作方法参照

Page **84**

26
小垫布

小垫布是在白玉拼布的周边缝上蕾丝制作而成的，非常时尚，初学者也很容易制作。它可以装饰在梳妆台、靠墙或床边的小桌上。像延命菊一样的图案小巧可爱。

Page **85**

27
小型包

使用素压技法制作的小型包，像白色的雕刻一样，既可以放在大包内，也可以在大壁橱中保管一些重要的东西，非常实用。

制作方法参见

Page **86**

28
针插

装饰用的扇形针插，可以插一些喜欢的女帽扣针或胸针。缝上边饰带或蕾丝会更华丽。

制作方法参见

Page **87**

Micci Style Decoration

1. 在女性肖像的印花布上缝上珠子作为项链，加以突出。

2. 在底布上重叠花边组合，并用珠子固定。缝制在有些残缺的花边上还可以起到强化作用。

3. 选择协调统一的珠子缝在素材上。图中在花边组合上缝制了珍珠珠子，在商店出售的蓝色小花边饰带上缝制了天蓝色的珠子。

4. 使用带钢丝的缎带制作有立体感的玫瑰花，这是此作品的一个突出之处。

5. 将较窄的缎带穿入蕾丝缎带里，又添加了珠子。

6. 在红色底布上重叠黑色蕾丝，并配合棉绒缎带，使之具有华丽感。

7. 将印花布和蕾丝组合起来拼接布块，并以此为底布直接贴布缝，无需在蕾丝上另垫衬布。

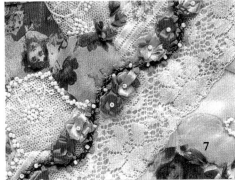

我的装饰风格

给作品增加华丽感就是要使用各种各样的装饰。可以自由选用缎带、珠子、边饰带等材料，在享受制作乐趣的同时将作品装饰成自己的风格。

Mini Lesson
迷你课堂

照片中的玫瑰叶子采用玫瑰花C的叶子。

由缎带变化而来的一种形式。根据缎带的材料、颜色以及宽度可以做出形形色色的玫瑰花。

迷你课堂 ❶
缎带玫瑰花A的制作方法

Flower
花

1 将宽0.7cm的缎带用指尖一圈圈地卷起约10cm。缎带卷得越长，花蕾做得越精细漂亮。

2 卷完后，为了防止卷过的部分散开，要缝合固定住下方，并用平针缝将剩余的5~6cm的缎带下方固定。

3 拉着平针缝后的缝线，将缎带收紧。然后将缎带卷到中心部位，同时整理花形，最后缝合固定。

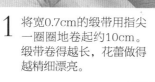

4 这样玫瑰花A就做好了。制作大玫瑰花时，可从步骤2开始反复操作。

5 为了防止散开，最后缝合固定住下方，即完成。

6 和其他颜色的玫瑰花相接时，不需扯断线，按照同样步骤制作即可。

Leaf

叶子

1 将宽4cm的带钢丝的缎带裁剪8cm，并将相对应的角前后颠倒分别折叠。

2 继续折叠两片，使其变成正方形。

3 将缎带竖起来，用平针缝缝合缎带中间的一边。

4 抽紧缝线后，再按同样的方法平针缝合另一边，然后抽紧缝线。

5 翻过来后，就是叶子的完成品。

6 完成。
将制作好的玫瑰花放在叶子上，从反面缝合固定即制作完成。

迷你课堂

缎带玫瑰花B的制作方法

由缎带变化而来的一种形式。玫瑰花瓣层层叠叠，煞是美丽。

1 将宽0.7cm的缎带折叠成1cm的褶子，同时用平针缝缝合下边。

2 图中为缝合了20cm长的打过褶的缎带。

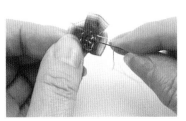

3 和制作玫瑰花A同样，抽紧缝线，将缎带收紧，同时一圈圈缠绕并整理花的形状，最后在反面缝合固定。

4 图中为缎带玫瑰花B的完成品。

Mini Lesson

53

作品01
用于子母包（大）

Flower
花

迷你课堂 ❸
缎带玫瑰花C的制作方法

1 将宽2.5cm的带钢丝的缎带裁剪成长5.5cm、7.5cm、16cm三种规格。并依个人喜好准备不同的数量。

2 用两手拿着5.5cm长的缎带，从右上方开始用手向中间捻。

3 依同样的方法从左上方向中间捻。捻好后就成了花瓣。

4 制作好几瓣后，从中心开始将2片花瓣重叠，并缝合固定。

5 继续在周边重叠组合花瓣，并缝合固定。

6 然后依同样的方法将7.5cm长的缎带制作成花瓣，缝合固定在周边。

7 16cm长的缎带用于制作最外片的花瓣。按图示，拉紧缎带一片的钢丝制作皱褶。

8 围绕花的中心层层重叠，整理成花的形状后缝合固定。

Leaf
叶子

2 将收紧部分的边缘疏缝固定。

完成
将制作好的玫瑰花放在叶子上，从反面缝合固定，即制作完成。

1 将宽1.5cm的带钢丝的缎带裁剪2条，各18cm，然后将它们对折，轻轻拿着缎带的一端，拉紧两边的钢丝。拉到一定程度后，将2根钢丝拧到一起固定。

3 展开叶子，整理好形状，即告完成。

作品05

用于大手提包

作品中使用的
主要刺绣针法

双羽毛绣

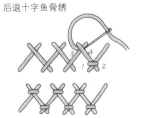

十字鱼骨绣

重复2~5针

后退十字鱼骨绣

珠绣的方法

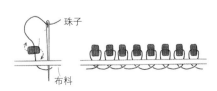

珠子

布料

迷你课堂
珠绣的方法

Lesson 1
在布的花样上珠绣

1 按照布的花样，沿着花样的轮廓珠绣，如同画轮廓线一样。

2 想增加珠子的分量时，可以将花样完全用珠绣盖住。并可根据花样的大小，随时调整一针上的珠子数量。使用大小不一的珠子珠绣，可以呈现出多样变化。

Lesson 2
在花边组合上珠绣

1 在布上重叠花边组合后，首先在中心线部位珠绣。这样，即使不疏缝固定，也能起到临时固定的作用。

2 按照花边组合的花样，进行珠绣。

3 某些部位只在蕾丝上珠绣，使其从底布上浮起，成为突出点。

迷你课堂 ⑤

缎带绣玫瑰花的刺绣方法

1 首先缝制米字形，作为底针。使用颜色渐变的缎带时，从颜色重的地方开始缝合可以做出非常美丽的玫瑰花。

2 从米字形的中间入针。

3 在底针的米字形上按顺时针方向上下交错穿针，一圈过后跳过一针，然后按照同样的方法继续穿下去。

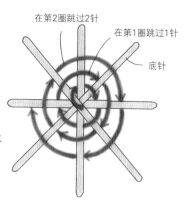

在第2圈跳过2针
在第1圈跳过1针
底针

4 一边捻缎带一边按跳过一针的方法缝合玫瑰花的外片部分，直到底针的针迹看不见为止。

5 最后从反面出针并打结。

6 制作叶子时，从缎带的正面入针。

7 继续将针拉到反面。

8 图中即是制作完成的缎带绣玫瑰花。

How to make
作品的制作方法

制作须知

在不同作品的制作方法里都注明了所需材料的花色和数量。颜色和花样可以作为备料时的参考。装饰用的珠子、缎带、配件、边饰带等可依个人喜好准备。

关于缝份，除制作方法图中特别注明的以外，一般为1cm。但缝合碎布块时，碎布块四周的缝份为0.7cm。缝制大型手提包时，可以预留2cm的缝份。多留一些缝份，待以后修剪齐，将会制作得整齐漂亮。

制作箱形作品，在碎布块里放入塑料板时，塑料板的尺寸要裁剪得比布块小一些。

缝份边缘处的珠绣、缎带等装饰物，可以等全部制作完毕后再缝合。

02网状花纹拼布手提包

材料 底布…原色网布50cm×40cm，拼布用布…使用坯布蕾丝剪接布，宽2cm的坯布花边130cm，宽6cm的花朵组合花边40cm，宽2.5cm的组合花边1个，宽1cm的皮绳80cm，直径1cm的子母扣1组，蕾丝适量
成品尺寸 22.5cm×36cm

制作方法
①参照图示，在底布上缝合花边，制作主体。
②将步骤①制作好的布正面相对，对折，用缝纫机缝合两侧。
③用花边制作包边，包住两侧的缝份，然后翻到正面。
④用花边制作包边，包住袋口。
⑤在前片的袋口上缝合组合花边，在内侧缝上提手和子母扣，完成制作。

<网状花纹拼布手提包制作图示>（底布的网布为一块布）

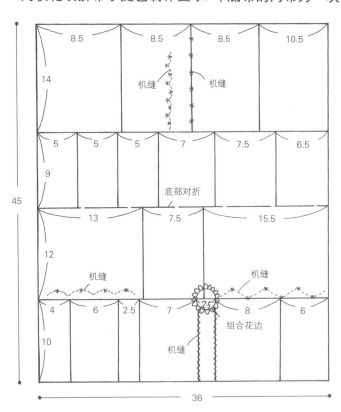

2、3 缝合两侧，处理缝份

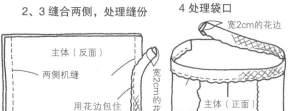

4 处理袋口

5 缝合组合花边、提手和子母扣

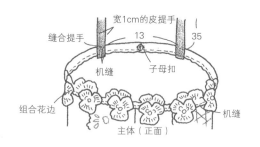

1 制作主体

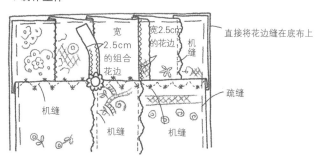

成品图

03 网状花纹手提包

材料 底布…坯布网布55cm×25cm，拼布用布…使用含有印花布的剪接布，宽3cm的蕾丝55cm，宽4cm的蕾丝45cm，宽6cm的淡蓝色蕾丝20cm，蓝色小花边饰带120cm，宽2cm的蕾丝（用于处理缝份）55cm，宽2.5cm的棉绒缎带（用于处理袋口、提手）130cm，直径0.8cm的子母扣1组，宽1cm的塑料板80cm，组合花边、缎带、边饰带、珠子、刺绣线各适量
成品尺寸24cm×20cm

制作方法
①参照图示，在底布上拼接布块，缝上蕾丝、缎带、组合花边、边饰带、珠子等，制作主体。
②将步骤①制作好的布正面相对，对折后用缝纫机缝合两侧。再用蕾丝制作包边，包住缝份，然后翻到正面。
③用缎带包住袋口，并做锯齿绣。
④用平针缝针法将蕾丝打褶后缝在前片的袋口处。
⑤参照图示，制作提手，并缝在主体内侧。
⑥在袋口周边缝上蕾丝，并在主体内侧安装子母扣。

<网状花纹手提包制作图示>

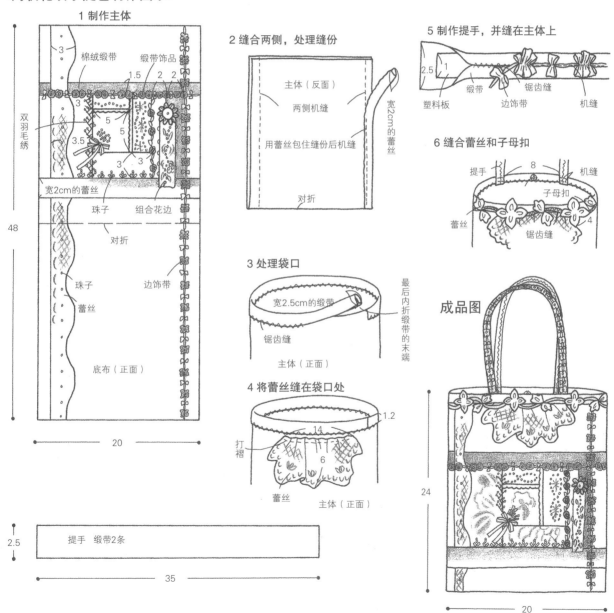

1 制作主体

2 缝合两侧，处理缝份

3 处理袋口

4 将蕾丝缝在袋口处

5 制作提手，并缝在主体上

6 缝合蕾丝和子母扣

成品图

04 小布袋

材料

拼布用布…灰白色缎子印花布15cm×10cm，白色波纹绸印花布6cm×7cm，花样印花布、蕾丝各15cm×8cm，宽1.5cm的深红色棉绒缎带15cm，宽2.5cm的粉色织纹缎带、宽2.5cm的红色缎带、宽1cm的黄绿色缎带各8cm，滚边布…宽2cm的深粉色缎带25cm，内袋用布、铺棉各15cm×25cm，小花边饰带125cm，长8cm的拉锁1条，长3.5cm的流苏1个，蕾丝、缎带、珠子、边饰带、刺绣线各适量

成品尺寸 9.5cm×10cm

制作方法

①参照图示，拼接布块，制作表布。并将缎带按原有幅宽重叠在上面锁缝。

②在步骤①制作好的布与铺棉重叠，并缝合蕾丝、缎带、边饰带、珠子，然后刺绣，制作主体。

③将主体正面相对，对折，缝合两侧后翻到正面。

④制作内袋，和步骤③制作好的布反面相对重叠，用缎带制作滚边，包住袋口。

⑤在主体内侧使用点回针缝缝上拉锁，并缝上小花边饰带，盖住拉锁的末端。

⑥在两侧缝合固定小花边饰带做背带。在滚边边缘处缝合固定装饰用的小花边饰带，最后在拉锁上缝上流苏。

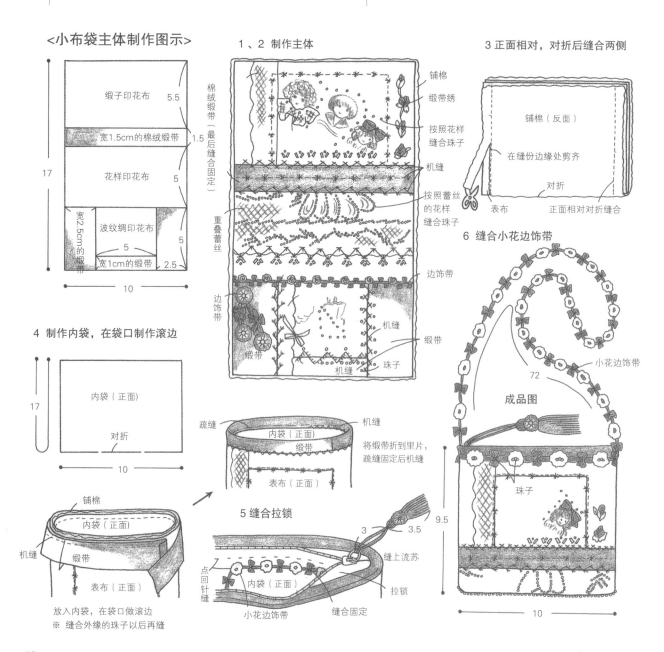

<小布袋主体制作图示>

4 制作内袋，在袋口制作滚边

1、2 制作主体

3 正面相对，对折后缝合两侧

6 缝合小花边饰带

成品图

5 缝合拉锁

06 纸巾包

材料 底布…灰白色波纹绸30cm×20cm，贴布用布…蕾丝15cm×15cm，A天使花样印花布15cm×20cm，B坯布花样印花布20cm×20cm，里布、铺棉各30cm×20cm，宽6cm的坯布花边30cm，宽5cm的坯布花边25cm，长20cm的蕾丝1块，宽2.8cm的缎带35cm，直径3cm的纽扣1个，长6cm的流苏1个，边饰带、缎带、珠子、刺绣线各适量
成品尺寸 10cm×13cm

制作方法
①参照图示，制作2块用7块布拼接而成的六边形，然后将此贴布与蕾丝一起缝在底布上，制作表布。
②将表布与铺棉重叠，缝合珠子、边饰带，然后制作缎带绣。
③将步骤②制作好的表布和里布正面相对，预留返口后缝合。
④翻到正面，用缎带制作滚边，包住两端。
⑤将花边锁缝在里布上，制作内袋，并在一片的滚边边缘处缝上缎带。
⑥参照图示，在底部折折线，并用卷针缝缝住两侧，制作口袋。
⑦将纽扣缝在正面，并用珠子固定流苏。
★实物大小的六边形纸样请参见纸型A面

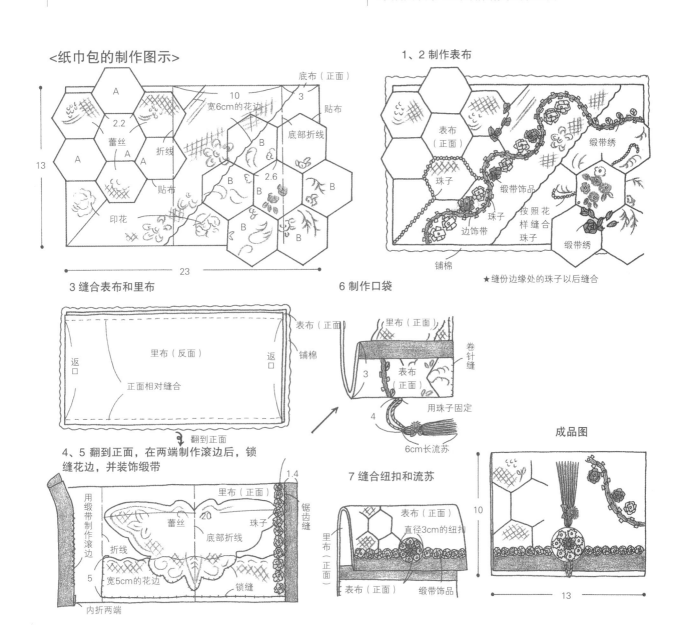

09 小针线盒

材料 表布…灰白素色印花布15cm×20cm，里布…粉色花样印花布15cm×20cm，铺棉15cm×20cm，直径1.8cm的纽扣1个，长3.5cm的流苏1个，塑料板15cm×20cm，缎带、蕾丝、配件、珠子、边饰带、刺绣线各适量，针插用布…灰白色波纹绸印花布8cm×12cm，绒球缎带2条，填充棉适量
填充成品尺寸 请参照图示

制作方法
①将表布与铺棉重叠后进行缎带绣，并缝合珠子、配件和蕾丝。
②在里布上缝合蕾丝和配件，如图所示，将步骤①制作好的表布与里布正面相对，预留返口后缝合周边。然后接缝份边缘修剪铺棉，剪牙口后翻到正面。
③将剪裁好的塑料板按顺序放入后机缝。
④将返口的缝份向里折并缝合返口。
⑤参照图示，将相同标记的布块缝合在一起，做成箱子形状。
⑥在边缘处缝合边饰带、配件后，缝合流苏和纽扣。再将做好的针插放入里面。

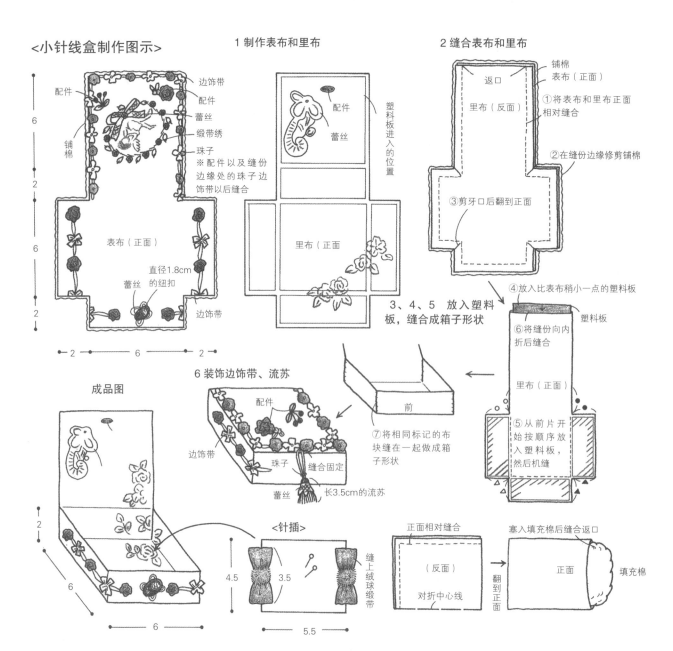

09 杯形针插

材料 拼布用布（含底布、杯托、针插部分）…使用剪接布，滚边布（斜裁布）4cm×40cm、（提手）2cm×8cm、（杯托）2.5cm×40cm，铺棉40cm×25cm，宽0.8cm的坯布花边50cm，蕾丝、珠子、刺绣线、厚纸、填充棉各适量
成品尺寸 请参照图示

制作方法

①拼接布块制作表布，与铺棉重叠后绗缝。然后用刺绣和珠子固定蕾丝，制作茶杯主体。
②在杯托的表布、铺棉、里布重叠并绗缝。用刺绣和珠子固定蕾丝后在周边制作滚边。
③用斜裁布制作茶杯把儿。并将步骤①制作好的布正面朝里夹着茶杯把儿缝成环形。然后翻到正面。
④用平针缝缝合底布的周边，放入厚纸制作底部。然后将步骤③制作好的杯体的下部缝后收紧，和制作好的底部缝在一起。
⑤在杯托上放上步骤④制作的茶杯，从厚纸的上面缝合固定。然后再在杯托的周边缝上花边。
⑥将滚边布正面相对，在杯口处对齐，缝合周边后折入内侧。然后向茶杯里放入填充棉。
⑦制作针插，放在步骤⑥制作好的茶杯里，并锁缝到滚边布上。然后在杯口缝合花边。
★实物大小的茶杯和杯托纸样请参见纸型A面

<茶杯主体制作图示>

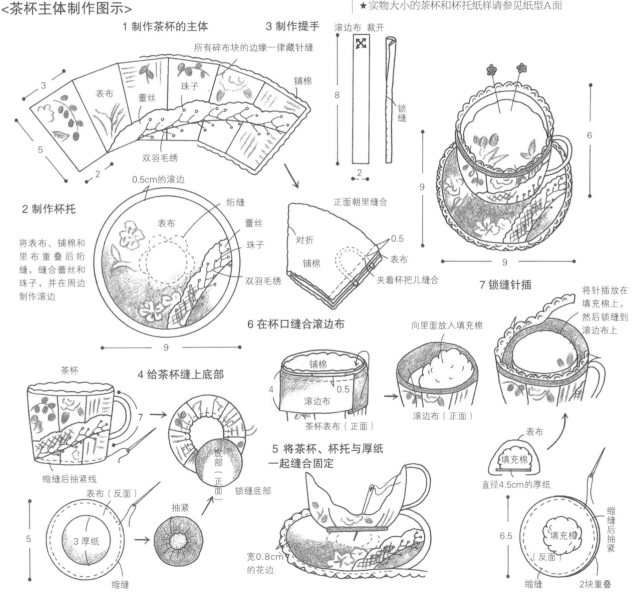

1 制作茶杯的主体
所有碎布块的边缘一律藏针缝
3 表布
5
2
表布
蕾丝
珠子
双羽毛绣
铺棉
0.5cm的滚边

2 制作杯托
将表布、铺棉和里布重叠后绗缝，缝合蕾丝和珠子，并在周边制作滚边
表布
绗缝
蕾丝
珠子
双羽毛绣
9

3 制作提手
滚边布 裁开
8
锁缝
2
正面朝里缝合
对折
铺棉
0.5
表布
夹着杯把儿缝合

6
6
9
9

7 锁缝针插

茶杯
4 给茶杯缝上底部
7
缩缝后抽紧线
表布（反面）
5
3 厚纸
缩缝
抽紧
底部（正面）
锁缝底部

6 在杯口缝合滚边布
铺棉
4
0.5
滚边布
茶杯表布（正面）
向里面放入填充棉
滚边布（正面）

5 将茶杯、杯托与厚纸一起缝合固定
宽0.8cm的花边

将针插放在填充棉上，然后锁缝到滚边布上
表布
填充棉
直径4.5cm的厚纸
6.5
填充棉（反面）
缩缝
缩缝后抽紧
2块重叠

10 针线盒

材料 表布…淡黄色波纹绸印花布35cm×40cm，里布…乳白色波纹绸印花布35cm×40cm，铺棉40cm×45cm，宽4cm的粉色缎带25cm，3种宽2.5cm的缎带各20cm，宽1.5cm的黄绿色棉绒缎带、宽4.7cm的缎带各20cm，宽4cm的坯布花边60cm，直径2.8cm的纽扣1个，长4.5cm的流苏1个，塑料板35cm×30cm，缎带、边饰带、蕾丝、珠子、配件、刺绣线各适量
成品尺寸 请参照图示

制作方法 ①参照图示，在表布上缝合缎带和蕾丝贴布。
②将铺棉和步骤①制作好的表布重叠，缝合边饰带，珠子，并刺绣。
③参照图示，制作里布。
④将表布和里布正面相对，预留返口后缝合。然后在缝份处修剪铺棉，剪牙口后翻到正面。
⑤从盖子部分按顺序放入裁剪好的塑料板，并随时机缝。
⑥缝合返口后，缝合前片表布的两端，使其呈箱子形状。
⑦将花边一边打褶一边缝到盖子上。
⑧在缝份边缘处缝上边饰带和珠子，并在盖子上缝上纽扣、流苏、配件等，完成制作。

<针线盒制作图示>

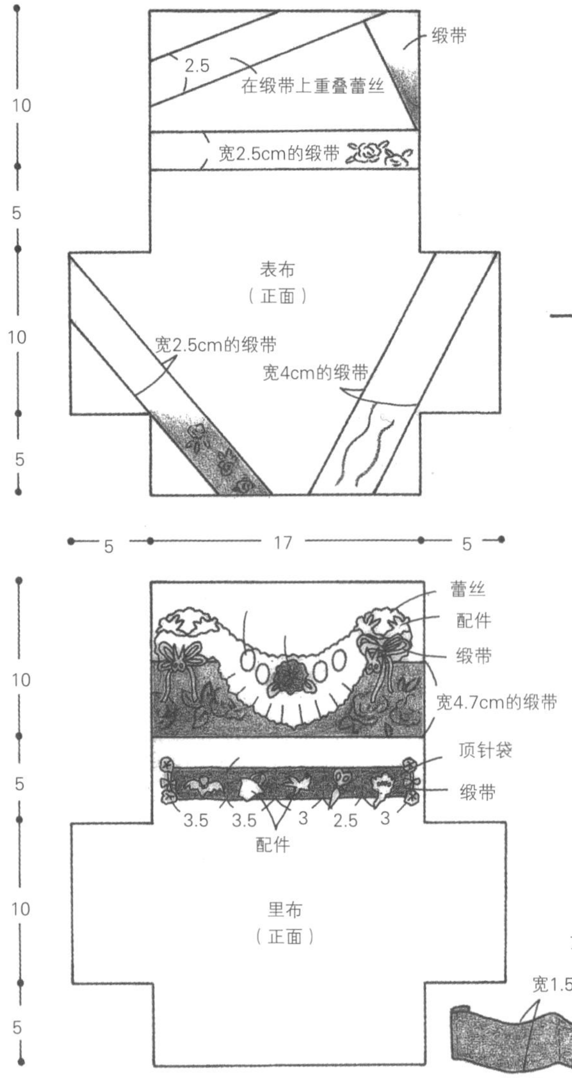

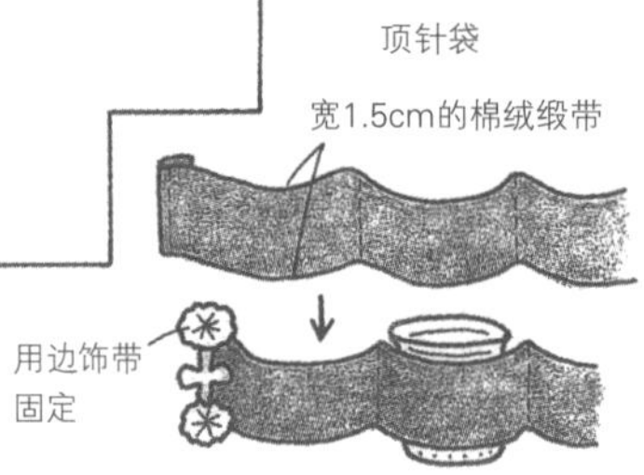

2.5
在缎带上重叠蕾丝
缎带
宽2.5cm的缎带
表布（正面）
宽2.5cm的缎带
宽4cm的缎带

10 / 5 / 10 / 5

5 — 17 — 5

蕾丝
配件
缎带
宽4.7cm的缎带
顶针袋
缎带
里布（正面）
3.5 3.5 2 2.5 3
配件

顶针袋
宽1.5cm的棉绒缎带
用边饰带固定

1、2、3 制作表布和里布

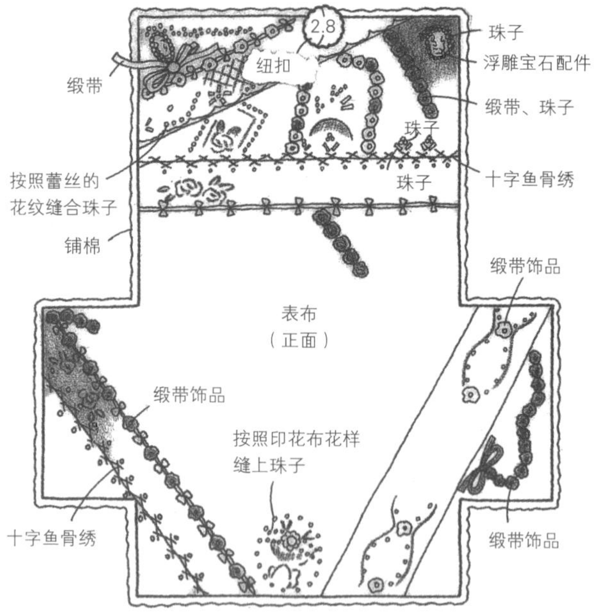

2.8
纽扣
珠子
浮雕宝石配件
缎带、珠子
缎带
珠子
十字鱼骨绣
按照蕾丝的花纹缝合珠子
铺棉
缎带饰品
表布（正面）
缎带饰品
按照印花布花样缝上珠子
十字鱼骨绣
缎带饰品
※边缘部位不缝合

4 缝合表布和里布

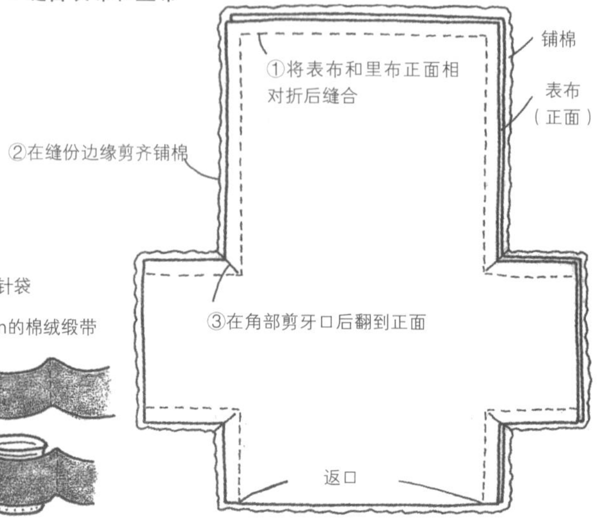

①将表布和里布正面相对折后缝合
②在缝份边缘剪齐铺棉
③在角部剪牙口后翻到正面
铺棉
表布（正面）
返口

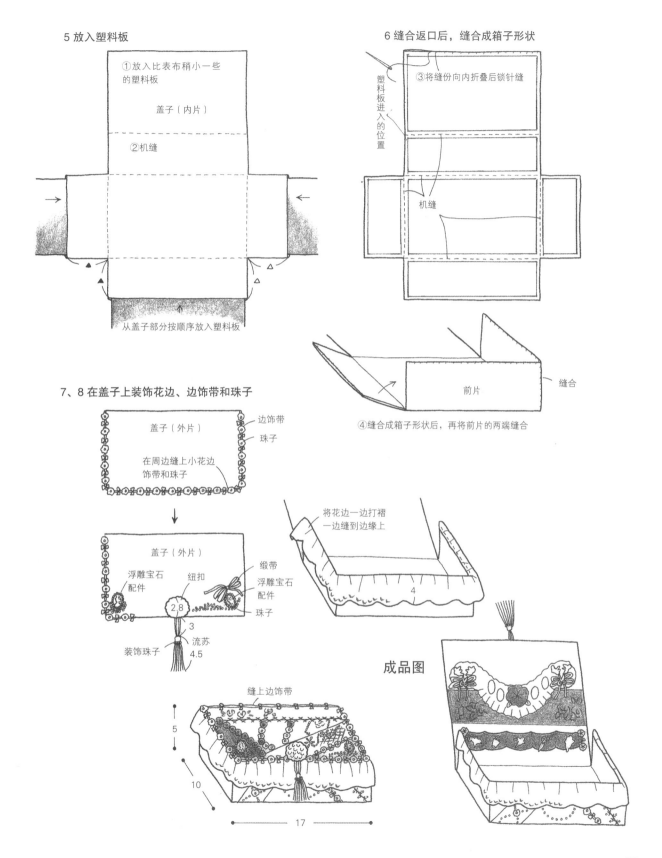

5 放入塑料板

①放入比表布稍小一些的塑料板

盖子（内片）

②机缝

从盖子部分按顺序放入塑料板

6 缝合返口后，缝合成箱子形状

③将缝份向内折叠后锁针缝

塑料板进入的位置

机缝

前片

缝合

④缝合成箱子形状后，再将前片的两端缝合

7、8 在盖子上装饰花边、边饰带和珠子

盖子（外片）

边饰带

珠子

在周边缝上小花边饰带和珠子

盖子（外片）

浮雕宝石配件

纽扣

缎带

浮雕宝石配件

珠子

2.8

3

流苏

装饰珠子

4.5

将花边一边打褶一边缝到边缘上

4

成品图

缝上边饰带

5

10

17

65

11 台式针线盒

材料 表里布…灰白色波纹绸印花布35cm×80cm，铺棉40cm×50cm，塑料板35cm×40cm，宽2cm的黄色织纹缎带35cm，宽1.6cm的粉色缎带100cm，宽1.3cm的黄绿色棉绒缎带25cm，宽1.8cm的坯布花边80cm，2种宽1.5cm的坯布花边各15cm，宽5cm的坯布花边10cm，蕾丝、缎带、珠子、配件、边饰带、刺绣线各适量
成品尺寸　请参照图示

制作方法
①依照图示，将表布、铺棉、里布重叠后，缝上蕾丝、缎带、珠子等，并刺绣。
②将里布和表布正面相对，预留返口后缝合。并在缝份处剪齐铺棉。
③依照图示，剪牙后翻到正面，按顺序放入塑料板，并机缝。
④参照图示，制作隔板。
⑤锁缝主体的返口，在里布上缝上棉绒缎带，并将隔板缝合在底部。
⑥依照图示组合成箱子形状，从外侧缝合背面的2条边。在边缘和前片的上部缝合花边，在内片装饰边饰带。并在图上标记的4个部位缝上打结用的缎带。
⑦将隔板上部的2处缝在主体上。

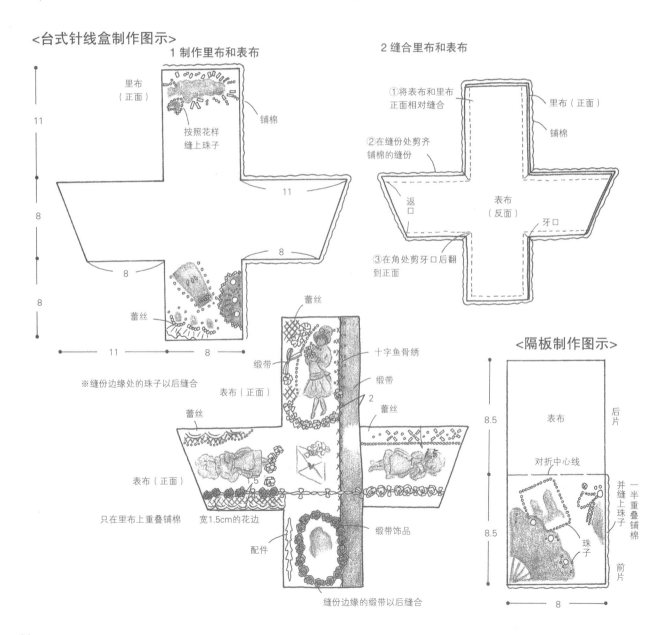

<台式针线盒制作图示>

1 制作里布和表布

里布（正面）　铺棉　按照花样缝上珠子

11　11　8　8　8　8　11

蕾丝

※缝份边缘处的珠子以后缝合

2 缝合里布和表布

①将表布和里布正面相对缝合　里布（正面）　铺棉
②在缝份处剪齐铺棉的缝份
③在角处剪牙口后翻到正面
返口　表布（反面）　牙口

蕾丝　缎带　十字鱼骨绣　缎带　蕾丝　2
表布（正面）　表布（正面）　1.5
只在里布上重叠铺棉　宽1.5cm的花边　缎带饰品　配件
缝份边缘的缎带以后缝合

<隔板制作图示>
8.5　表布　后片
对折中心线
8.5　一半重叠铺棉　珠子　前片
8

3 放入塑料板

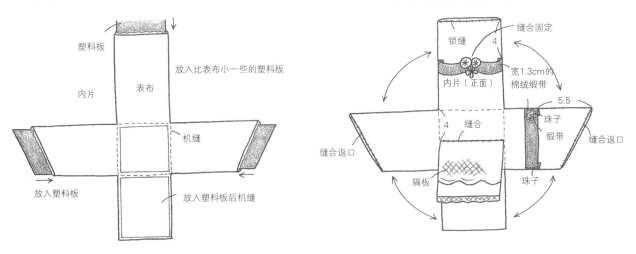

塑料板

放入比表布小一些的塑料板

内片　表布

机缝

放入塑料板

放入塑料板后机缝

5 在里布上缝上棉绒缎带，并缝合隔板

锁缝　缝合固定　4

内片（正面）　宽1.3cm的棉绒缎带

4　缝合　5.5　珠子缎带

缝合返口　缝合返口

隔板　珠子

4 制作隔板

对折　缝合两侧　隔板的制作图在66页上

（反面）

↓

（正面）

宽1.8cm的花边　宝石

边饰带

前片（正面）

缝合返口

花边

3 用花边制作口袋

花边

后片（正面）

6 缝合成箱子形状后，在边缘处装饰花边和边饰带，并缝上打结用的缎带

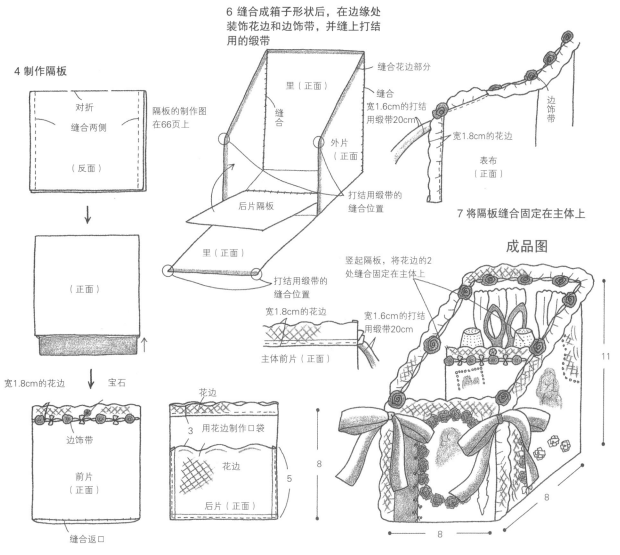

里（正面）　缝合花边部分

缝合　缝合

宽1.6cm的打结用缎带20cm

外片（正面）

后片隔板

里（正面）

打结用缎带的缝合位置

打结用缎带的缝合位置

缝合花边部分　缝合　宽1.6cm的打结用缎带20cm

宽1.8cm的花边

表布（正面）

7 将隔板缝合固定在主体上

成品图

竖起隔板，将花边的2处缝合固定在主体上

宽1.8cm的花边

宽1.6cm的打结用缎带20cm

主体前片（正面）

11

8

8

8

12 古典针线盒

材料

A、B表布…灰白色波纹绸印花布50cm×45cm，
A、B里布…白色缎子印花布40cm×45cm，铺棉35cm×30cm，宽2.5cm的粉色缎带50cm，塑料板40cm×30cm，高3.5cm的木制缠线板1个，缎带、边饰带、珠子、蕾丝、配件各适量
成品尺寸 6.5cm×6cm×6cm

制作方法

①首先将缎带疏缝固定在A的里布上，然后和A的表布正面相对缝合，剪牙口后翻到正面。并参照图示制作盖子A。
②B的表布和铺棉重叠，在底部的中心部位机缝。并疏缝将缎带固定在B的里布上。
③在B的里布上重叠A，用缝纫机缝合底部。
④将A折叠成比B的里布的成品线略小的尺寸，并将B的表布和里布正面相对，预留返口后缝合。在缝份的边缘剪齐铺棉，剪牙口后翻到正面。
⑤按B、A的顺序放入剪裁好的塑料板，机缝后缝合返口。
⑥缝合盖子A。
⑦在A、B上缝合蕾丝、珠子、边饰带和配件。
⑧在B的盖子上缝合配件，调整好角度，完成制作。在A的底部中心穿入缎带，并安装缠线板。

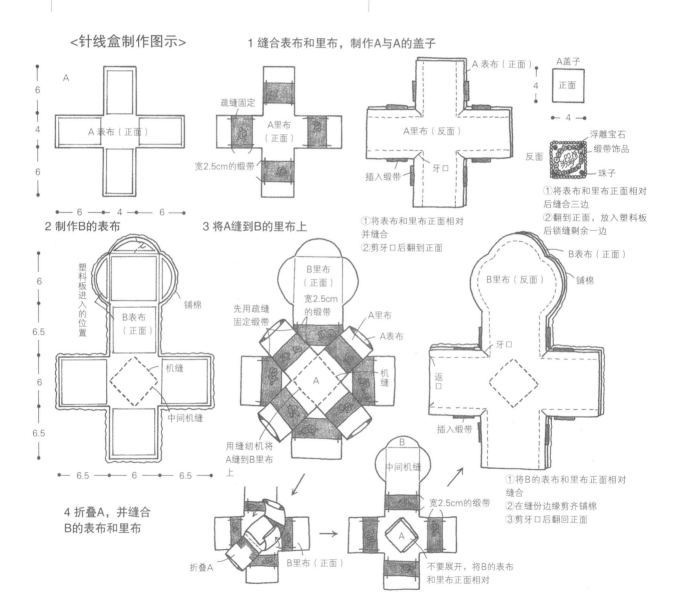

<针线盒制作图示>

1 缝合表布和里布，制作A与A的盖子

2 制作B的表布

3 将A缝到B的里布上

4 折叠A，并缝合B的表布和里布

5 放入塑料板

在B布上从a开始按顺序放入塑料板

机缝

②将缝份折入内侧后锁缝

A 盖子

B

A

机缝

①放入比表布略小的塑料板

6 将盖子缝在A上

| A 盖子（正面） |
| A 表布（正面） |

缝合

在周边缝上珠子

→

| A 盖子（正面） |
| A 表布（正面） |

A珠子的缝制方法

盖子（反面）

盖子（正面）

每3个珠子缝在一起

7 用蕾丝、珠子等装饰A、B

\<B外侧的装饰\>

宝石

浮雕宝石

配件

边饰带

缎带饰品

蕾丝

配件

蕾丝

配件

缎带饰品

缎带饰品

B珠子的缝制方法

每5个珠子缝在一起

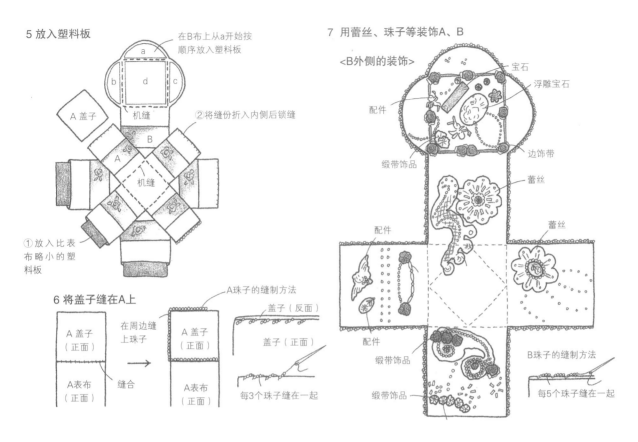

\<内侧\>

珠子   浮雕宝石

珠子

将边饰带缝在里布边缘

缎带饰品

配件

配件

配件

珠子

配件

在底部穿入缎带，并安装缠线板

8 制作完成B的盖子

盖子B（正面）

用配件固定角部   使双方靠近以制作角度

成品图

6.5

6

6

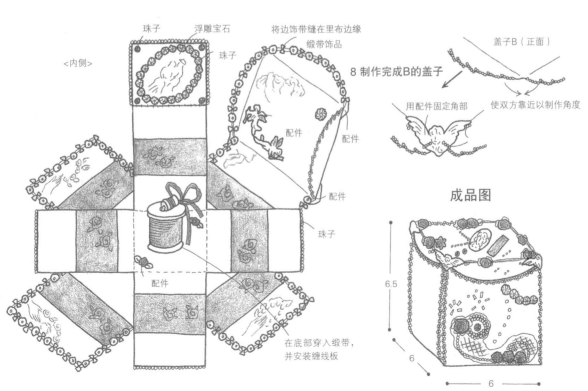

69

07 小手提包

材料

拼布用布…使用剪接布，其中含粉色缎子印花布，内袋用布、铺棉各25cm×35cm，宽4cm的黑色蕾丝50cm，宽1.5cm的绿色缎带50cm，宽0.8cm的坯布缎带50cm，宽0.4cm的深绿色滚边绳（包括提手）100cm，绿色绳子（扣环）15cm，缎带、蕾丝、珠子、配件、边饰带、刺绣线各适量
成品尺寸13.4cm×20cm

制作方法

①参照图示，拼接布块，制作表布。
②将步骤①制作好的表布与铺棉重叠，缝合蕾丝、缎带、珠子、边饰带、配件，并刺绣。
③将步骤②制作好的表布正面相对，对折，用缝纫机缝合两侧后翻到正面。
④参照图示，制作内袋。
⑤从主体正面在袋口处缝合滚边绳，翻到反面，与内袋重叠，将内袋锁针缝缝到滚边绳上。
⑥参照图示，制作提手，并缝合固定在主体内片上。在袋口的贴边上用珠绣法缝合固定缎带，并刺绣。
⑦制作扣环，并将口袋和扣环缝在袋口。

<小手提包制作图示>

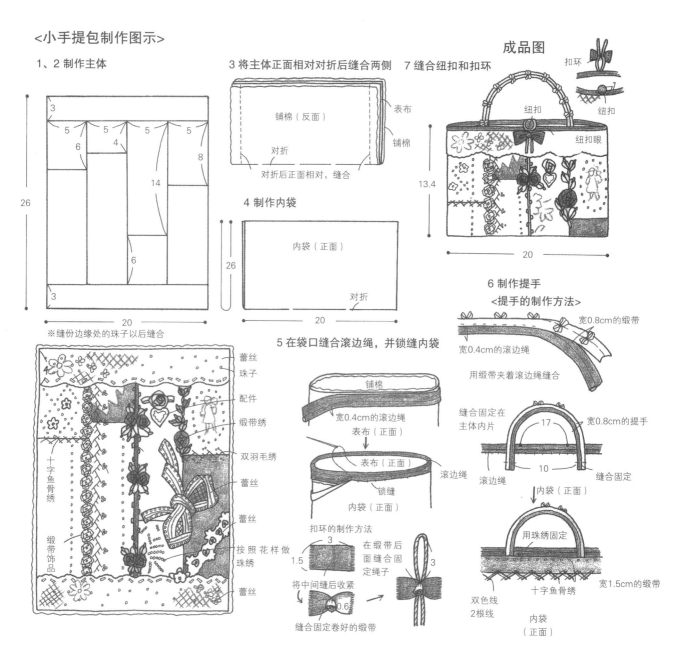

13 卷尺、针插

材料

（卷尺）前后片表布…灰白色波纹绸印花布10cm×20cm，宽1.3cm的黄绿色棉绒缎带30cm，铺棉15cm×15cm，塑料板10cm×25cm，长3.5cm的流苏1个，卷尺1个，缎带、珠子、刺绣线、边饰带、配件、填充棉各适量

（针插）表布（含里布）…灰白色波纹绸印花布15cm×15cm，小花边饰带25cm，直径3.6cm的纽扣、直径1.5cm的纽扣各1个，带链子的剪刀套1个，珠子、缎带、填充棉各适量

成品尺寸 请参照图示

制作方法（卷尺）

①参照图示，将前片表布与铺棉重叠，缝上珠子，并制作缎带绣。然后重叠上铺棉、塑料板，将周边平针缝合后收紧，制作前片。

②在制作了缎带绣的棉绒缎带上贴上塑料板，制作侧片。然后参照图示制作后片，并放入塑料板。

③将卷尺贴在后片固定，将侧片缝在前片，然后将前后片对齐用卷针缝缝住。

④在缝合的边缘刺绣，并缝上珠子。然后缝合固定缎带，在卷尺的末端缝上边饰带、流苏后，完成制作。

★针插的制作方法请参照图示

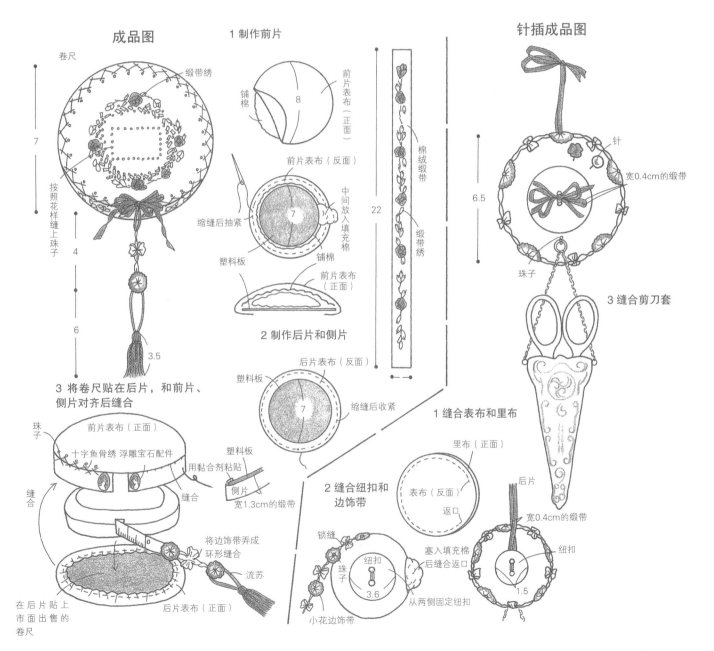

71

14 剪刀套

材料

表布、里布、口袋（A、B、C）、侧片用布…粉色波纹绸印花布30cm×50cm，铺棉30cm×10cm，宽2.5cm带钢丝的深粉色缎带70cm，宽2cm的缎带10cm，直径1.4cm的纽扣1个，长4cm的流苏1个，塑料梭芯1个，长24cm的链子1根，塑料板10cm×20cm，直径约2cm的贴纸2枚，蕾丝、缎带、边饰带、珠子、珍珠、纽扣等配件、刺绣线各适量

成品尺寸 请参照图示

制作方法

①将表布与铺棉重叠，制作缎带绣后，缝合蕾丝和珠子。

②疏缝将缎带固定在里布上，并用珠子固定配件，然后将口袋A、B重叠后疏缝固定。

③将表布和里布正面相对，预留返口后缝合。在缝份边缘剪齐铺棉后翻到正面。

④将塑料板裁剪成比表布的一半稍小的尺寸，并放进去。然后将返口的缝份内折后缝合。

⑤制作口袋C和侧片，缝合到主体上。

⑥在外侧的盖子周边缝合打褶后的带钢丝的缎带，并用珠子固定缎带饰品，然后缝上珠子、纽扣、流苏、梭芯装饰。最后缝合固定链子。

★实物大小的纸样请参见纸型A面

<剪刀套制作图示>

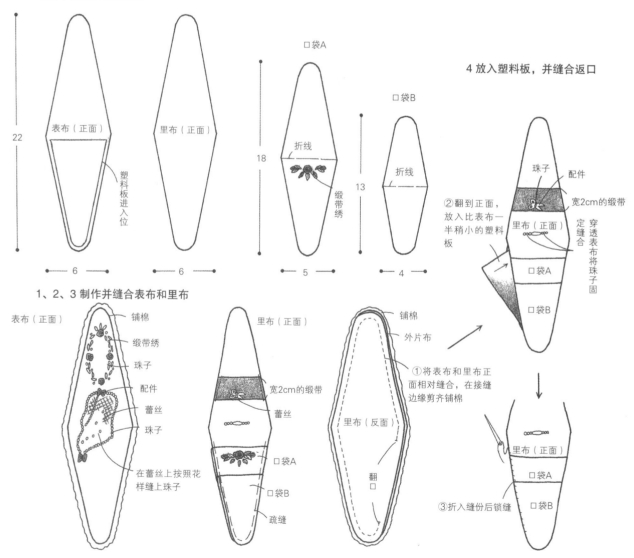

5 制作口袋C和侧片，并缝合到主体上

侧片（表、里布各1块）　表布（正面）　铺棉

2

返口　配件　缎带绣
24

表布（正面）　铺棉

里布（反面）

返口

表布（正面）

翻到正面后缝合返口

口袋C（2块）

表布（正面）
铺棉
表布（正面）
珍珠
6.5

里布（反面）
铺棉

将表布和里布正面相对缝合
4

翻到正面后
放入稍小的
塑料板

铺棉
珍珠

将缝份内折，
夹住缎带缝合

缎带绣

<制作方法>

①将侧片缝合在主体上

里布（正面）

侧片表面（正面）

6 在周边缝上带钢丝的缎带

成品图

珠子

链子

13

纽扣　8

流苏

10

②将口袋C缝到侧片上

在塑料梭芯上贴上贴纸

在梭芯上缠上边饰带后缝合

梭芯　边饰带

将缝在主体上的缎带饰品末端用
贴纸贴在梭芯上

里布（反面）

缎带

侧片　侧片

缎带饰品

口袋C

纽扣

里布（反面）

2.5

缝上打褶
后的缎带

缎带饰品

珠子

表布（正面）

链子的缝合
固定位置

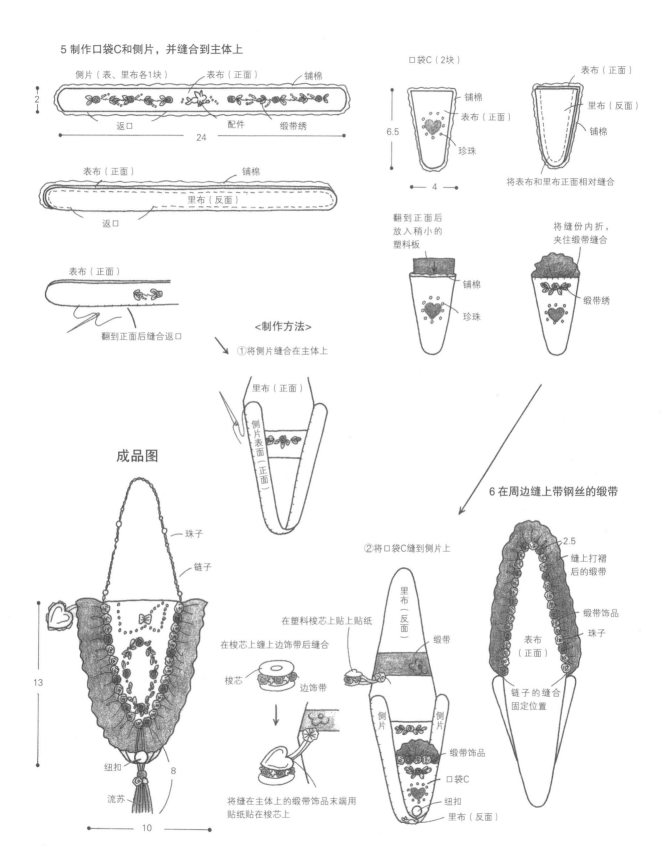

73

15 贝壳状顶针盒

材料

盖子、底部、侧面用布…灰白色波纹绸印花布
35cm×40cm，衬布…粉色素布20cm×20cm，
铺棉20cm×35cm，白色绳子40cm，塑料板
15cm×25cm，宽2.5cm的塑料带状（侧面
用）35cm，装饰纽扣1个，缎带、小花边饰带、
配件、珠子、珍珠、刺绣线、厚纸各适量
成品尺寸 请参照图示

制作方法

①盖子的表布与铺棉重叠，并缝合蕾丝、配件、珠子，然后制作缎带绣。
②将步骤①制作好的布与盖子的里布正面相对，预留返口后缝合周边。然后翻到正面，放入裁剪好的塑料板。
③将缝份内折，夹着打褶后的缎带后锁缝。然后将边饰带和纽扣缝到盖子上。
④底部和盖子尺寸相同，和盖子的制作方法也相同，只是不加入铺棉。
⑤依照图示，在侧面制作缎带绣，并放入铺棉和塑料带状芯，制作侧面。
⑥将步骤⑤制作好的侧面和底部缝合成箱子形状，并在侧面的边缘缝上绳子。
⑦制作隔板，并用黏合剂粘贴在主体的侧片。将衬布的缝份折叠并锁缝在侧面的边缘。然后将盖子缝在主体上，并缝上缎带饰品。
⑧缝上珠子等，最后用珍珠将边饰带固定在内片。

★实物大小的盖子和衬布纸样参见纸型A面

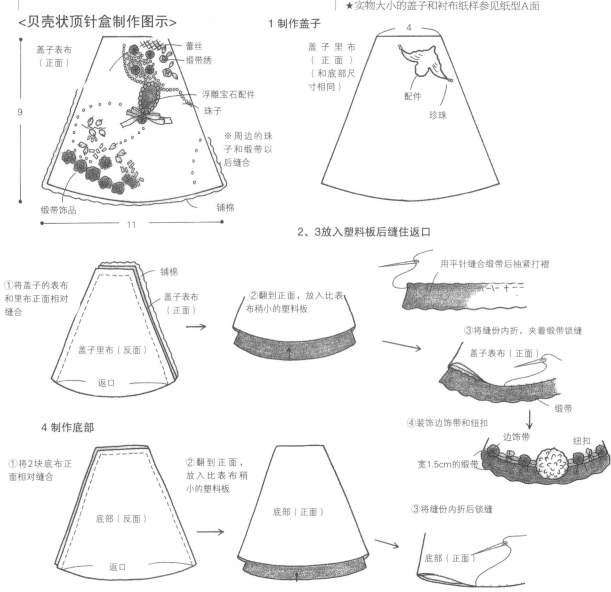

<贝壳状顶针盒制作图示>

1 制作盖子

2、3放入塑料板后缝住返口

4 制作底部

5 制作侧面

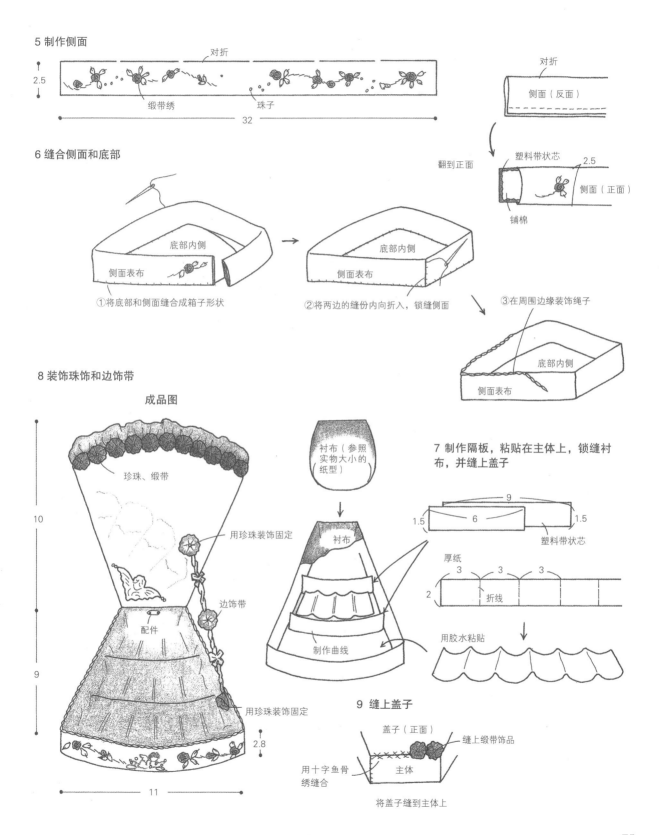

2.5

对折

缎带绣　珠子

32

对折

侧面（反面）

翻到正面

塑料带状芯　2.5

侧面（正面）

铺棉

6 缝合侧面和底部

底部内侧

侧面表布

①将底部和侧面缝合成箱子形状

底部内侧

侧面表布

②将两边的缝份内向折入，锁缝侧面

③在周围边缘装饰绳子

底部内侧

侧面表布

8 装饰珠饰和边饰带

成品图

10

9

珍珠、缎带

用珍珠装饰固定

边饰带

配件

用珍珠装饰固定

2.8

11

衬布（参照实物大小的纸型）

衬布

制作曲线

7 制作隔板，粘贴在主体上，锁缝衬布，并缝上盖子

9

1.5　　6　　1.5

塑料带状芯

厚纸

3　　3　　3

2　折线

用胶水粘贴

9 缝上盖子

盖子（正面）

缝上缎带饰品

用十字鱼骨绣缝合

主体

将盖子缝到主体上

75

16 相框

材料

前片拼布用布…使用剪接布，后片布…深粉色波纹绸30cm×60cm，铺棉30cm×60cm，3种宽1.5cm的缎带各10cm，小花边饰带5cm，塑料板、厚纸各20cm×30cm，缎带、蕾丝、珠子、配件、刺绣线各适量
成品尺寸 25cm×20cm

制作方法

①参照图示，拼接布块，制作前片表布。里布缝份为1.5cm、表布缝份为1cm。
②在步骤①制作好的布上缝上缎带、珠子和配件，并刺绣。
③将塑料板的中部镂空、裁剪好，在其上面重叠1块同尺寸的铺棉和1块裁剪得稍小一些的铺棉，并粘贴好。然后在其上面重叠步骤②制作好的布，剪个切口，将缝份粘贴在里片。
④将后片布正面相对对折，预留返口后缝合，然后翻到正面，放入厚纸，并缝合返口。
⑤参照图示，制作背板。
⑥用缝纫机将背板缝在步骤④制作的布上，并缝上边饰带。然后和步骤③制作的布对齐，用卷针缝缝合左右两边和下边。

<相框前片制作图示>（塑料板、铺棉的尺寸相同）

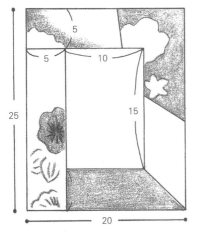

1、2 拼接布块，制作前片表布

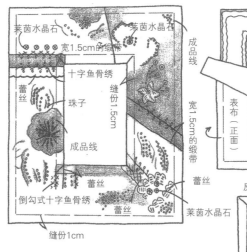

3 将前片表布、铺棉、塑料板缝在一起，制作前片

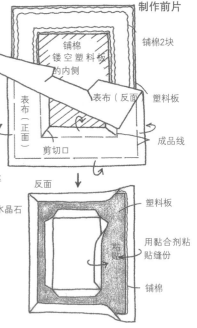

4、5 制作后片和背板

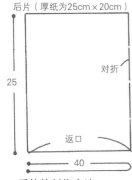

<后片的制作方法>

①将后片布正面相对对折，预留返口后缝合

②翻到正面，放入裁剪好的厚纸，缝合返口

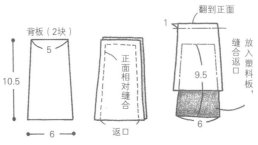

6 用卷针缝住前片和后片

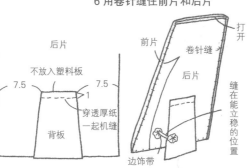

成品图

17 卡片袋

材料
表布拼布用布…灰白色印花布、织纹布等剪接布，宽3.8cm的粉色编织缎带65cm，宽1.5cm的黄绿色棉绒缎带18cm，黑色蕾丝30cm×30cm，里布…灰白色波纹绸印花布40cm×35cm，铺棉40cm×45cm，宽2cm的坯布花边70cm，塑料板35cm×40cm，珠子、蕾丝、缎带、配件、边饰带、绳子、刺绣线各适量
成品尺寸 请参照图示

制作方法
①参照图示，制作表布拼布。
②将步骤①制作的表布与铺棉重叠，缝上蕾丝、缎带、珠子、边饰带，并刺绣。
③将步骤②完成的表布与里布（1块布）正面相对，预留返口后缝合。
④在缝份边缘剪齐铺棉，剪牙口后由返口翻到正面。
⑤将裁剪好的塑料板从图中a开始按顺序放入，并机缝。最后将返口的缝份内折后缝合返口。
⑥参照图示，将相同标记的布块缝在一起，做成箱子形状。
⑦在边缘缝上蕾丝，并将绳子粘贴在外侧，用珠子将边饰带固定在内侧，最后装饰配件和珠子等。

<卡片袋制作图示>

3、4 缝合表布和里布

①将表布和里布正面相对缝合
缝上2cm的花边
②在缝份边缘剪齐铺棉
返口
③剪牙口后翻到正面

6 缝合成箱子形状

外侧
做成箱子形状后将相同标记的布块缝在一起

1、2 制作表布拼布，装饰蕾丝和珠子

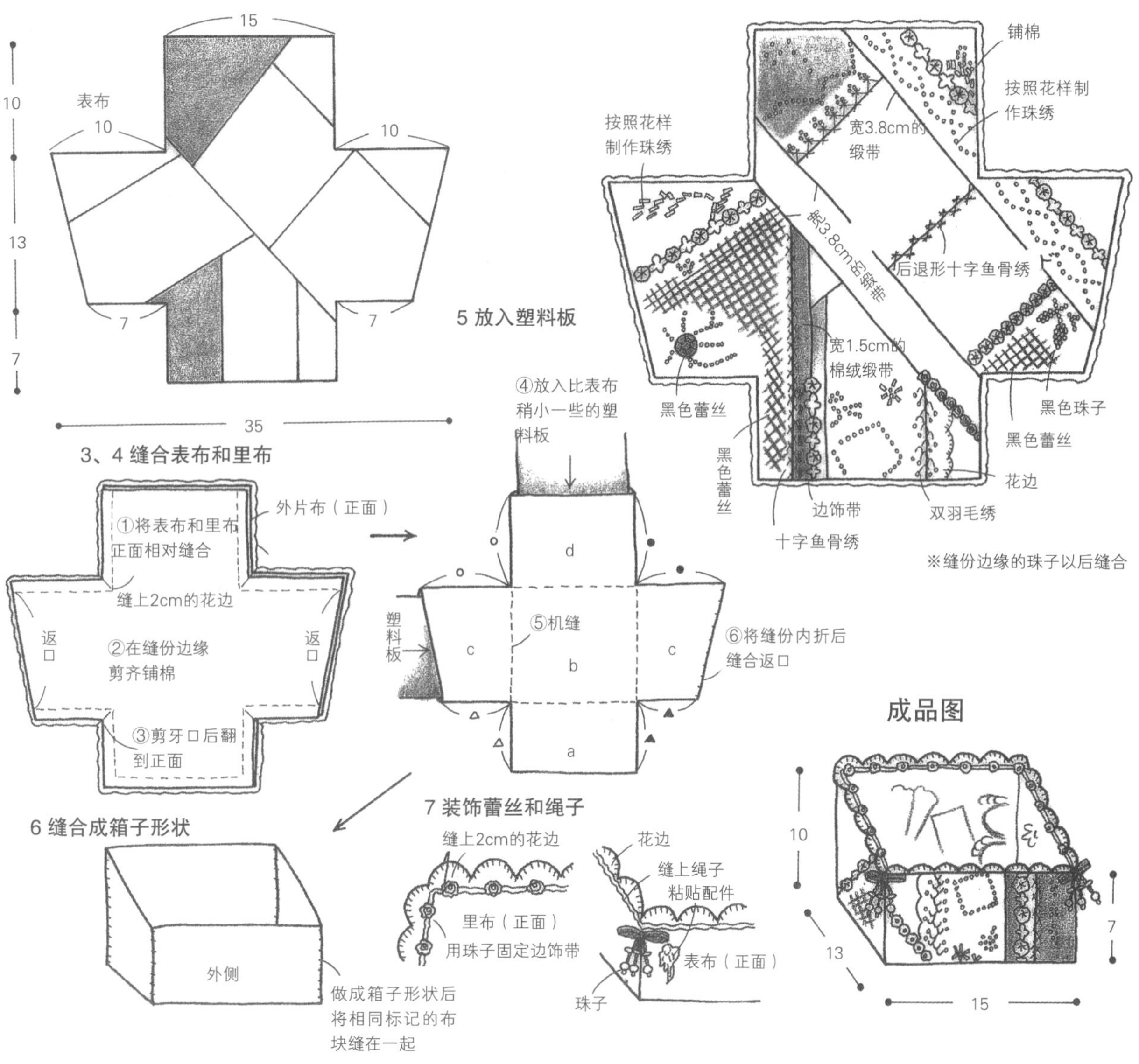

铺棉
按照花样制作珠绣
宽3.8cm的缎带
按照花样制作珠绣
后退形十字鱼骨绣
宽3.8cm的缎带
宽1.5cm的棉绒缎带
黑色蕾丝
黑色蕾丝
边饰带
十字鱼骨绣
双羽毛绣
黑色珠子
黑色蕾丝
花边

※缝份边缘的珠子以后缝合

5 放入塑料板

④放入比表布稍小一些的塑料板
⑤机缝
塑料板
⑥将缝份内折后缝合返口

7 装饰蕾丝和绳子

缝上2cm的花边
里布（正面）
用珠子固定边饰带
花边
缝上绳子粘贴配件
表布（正面）
珠子

成品图

18 卡片夹

材料

表布拼布用布…白色缎子印花布20cm×30cm、a粉色织布9cm×16cm、b灰色花样织布8cm×15cm、c红色花样织布10cm×25cm，里布…粉色波纹绸25cm×30cm，宽10cm的坯布花边30cm，隔板用布…白色波纹绸印花布25cm×40cm，宽1.5cm的粉色缎带150cm，宽1.2cm的坯布花边30cm，宽2cm的坯布花边50cm，白色绳子190cm，长4cm的流苏1个，蕾丝、边饰带、缎带、珠子、莱茵水晶石、配件各适量

成品尺寸 21cm×13.5cm

制作方法

①参照图示，拼接布块，制作主体表布。

②在步骤①制作的表布上缝上蕾丝、缎带、边饰带、珠子和配件等。

③在里布上重叠花边，疏缝固定，然后和步骤②制作的表布正面相对，预留返口后缝合。再翻到正面缝合返口。

④将平针缝后并打好褶的缎带在内侧的周边对齐，用锯齿缝的方法缝合。

⑤在锯齿缝制的缎带上缝上绳子，并在左右两片缝上打结用的缎带。

⑥参照图示，制作隔板，并在上部缝上花边。

⑦在主体上重叠隔板，并在中间用缝纫机缝合，然后再在中间缝上边饰带。

⑧在主体的外片周边锁缝绳子，然后缝上莱茵水晶石和流苏。

<卡片夹主体表布制作图示>

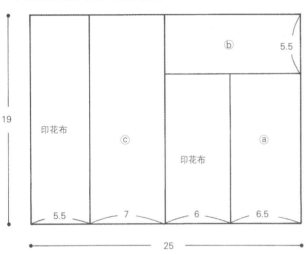

1、2 拼接布块，制作主体的表布

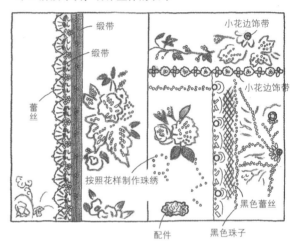

3 将重叠有花边的里布和表布缝在一起

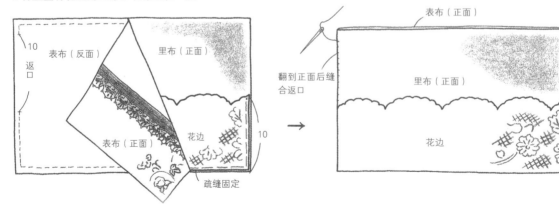

疏缝将花边固定在里布上，然后和表布正面相对，预留返口后缝合周边

4、5 在周边缝上缎带和绳子，并在左右两侧缝上打结用的缎带

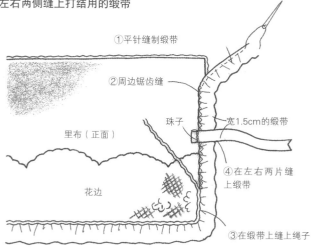

① 平针缝制缎带

② 周边锯齿缝

珠子

宽1.5cm的缎带

里布（正面）

花边

④ 在左右两片缝上缎带

③ 在缎带上缝上绳子

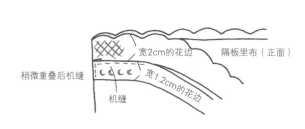

宽2cm的花边

隔板里布（正面）

稍微重叠后机缝

宽1.2cm的花边

机缝

6 制作隔板

隔板表布（正面）

返口

17

隔板里布（正面）

22

将表布和里布正面相对，预留返口后缝合，然后翻到正面缝合返口

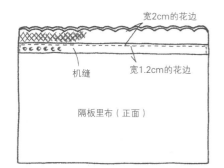

宽2cm的花边

机缝

宽1.2cm的花边

隔板里布（正面）

7 将隔板重叠在主体上缝合

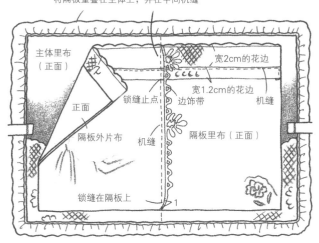

将隔板重叠在主体上，并在中间机缝

主体里布（正面）

宽2cm的花边

宽1.2cm的花边

边饰带

机缝

锁缝止点

正面

隔板外片布

机缝

隔板里布（正面）

锁缝在隔板上

1

8 在外侧周边缝上绳子和流苏

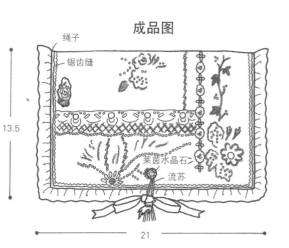

成品图

绳子

锯齿缝

13.5

莱茵水晶石

流苏

21

21 泰迪熊

材料 泰迪熊主体用布…灰白色波纹绸印花布90cm×30cm，礼服用布…白色蕾丝布50cm×40cm，内裤、贴身背心用布…蕾丝布30cm×40cm，宽0.9cm的缎带80cm，直径1cm的纽扣4个，直径0.6cm的纽扣4个，直径0.5cm的地球珠2个，直径1.2cm的鼻用纽扣1个，蕾丝、珠子、梭结花边、缎带、边饰带、刺绣线、填充棉、厚纸各适量
成品尺寸 身长约25cm

制作方法

①依照图示，将头、躯干、手臂、脚部的布块分别正面相对缝合，翻到正面后往里塞入填充棉，然后锁缝住返口。
②制作耳朵，并对称地缝在头上，然后缝上眼睛、鼻子，并刺绣嘴巴。
③将头部和躯干缝合牢固，并用纽扣将手臂和脚固定在躯干上。
④在脚部缝上缎带、蕾丝，并在头上缝合固定蕾丝饰品。
⑤参照图示制作内裤，并穿在泰迪熊身上。
⑥参照图示制作贴身背心，并穿在泰迪熊身上。
⑦将缝成环形的蕾丝对折，折缝留在外侧，制作礼服，然后将礼服穿到泰迪熊身上。在腰部缝合固定缎带并在后面打结。将前面的蕾丝翻边缝合，并缝上玻璃纱的缎带饰品和珍珠。
⑧将珠子垂饰和梭结花边装饰在脖子周边。
★实物大小的泰迪熊主体纸样参见纸型B面

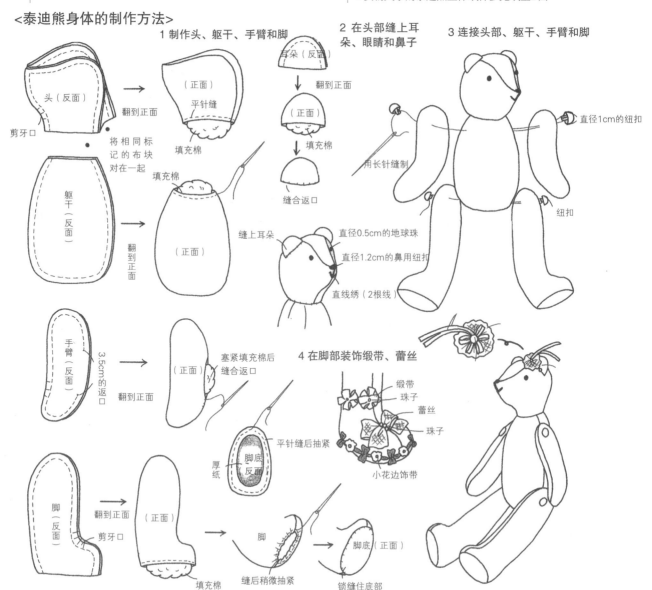

<泰迪熊身体的制作方法>

1 制作头、躯干、手臂和脚

2 在头部缝上耳朵、眼睛和鼻子

3 连接头部、躯干、手臂和脚

4 在脚部装饰缎带、蕾丝

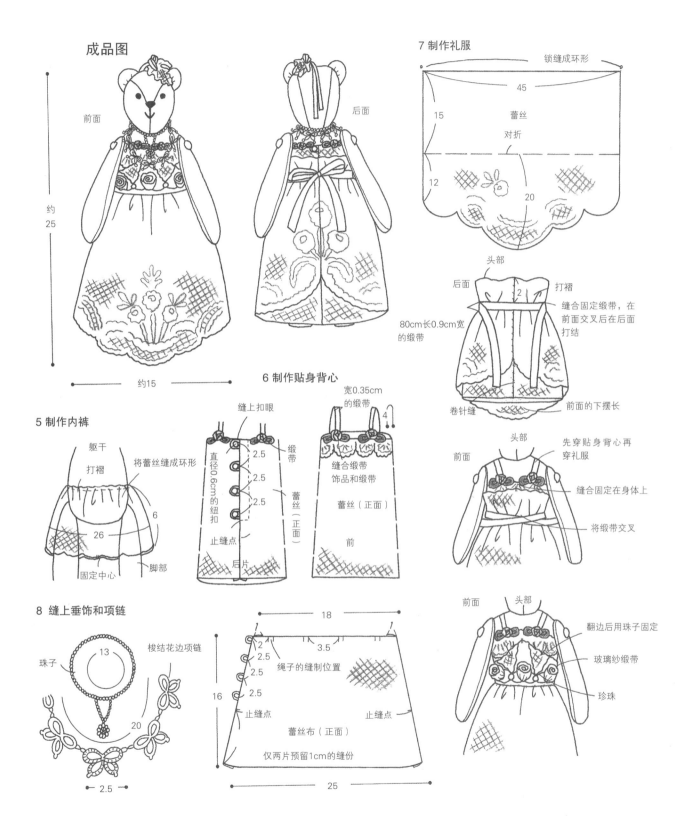

成品图

前面

后面

约25

约15

7 制作礼服

锁缝成环形

45

15 蕾丝

对折

12 20

头部

后面 打褶 2

缝合固定缎带，在前面交叉后在后面打结

80cm长0.9cm宽的缎带

卷针缝

前面的下摆长

头部

前面 先穿贴身背心再穿礼服

缝合固定在身体上

将缎带交叉

前面 头部

翻边后用珠子固定

玻璃纱缎带

珍珠

6 制作贴身背心

宽0.35cm的缎带

缝上扣眼 4

缎带

直径0.6cm的纽扣 2.5

缝合缎带饰品和缎带

2.5

2.5 蕾丝（正面）

蕾丝（正面）

止缝点 前

后片

5 制作内裤

躯干

打褶 将蕾丝缝成环形

6

26

固定中心 脚部

8 缝上垂饰和项链

珠子 13 梭结花边项链

20

2.5

18

2 3.5

2.5

2.5 绳子的缝制位置

16 2.5

止缝点 止缝点

蕾丝布（正面）

仅两片预留1cm的缝份

25

81

22 灯罩

材料 底布…白色弹力蕾丝（耐热性）110cm×70cm，贴布用布…白色玻璃纱印花布20cm×35cm，宽6cm的坯布花边50cm，2种宽2cm的坯布花边各250cm，宽3.5cm的花边30cm，直径0.8cm的莱茵水晶石5个，珠子绳45cm，缎带、松紧带各适量，高28cm、上部直径为13cm、下部直径为28cm的灯罩骨架1个
成品尺寸 请参照图示

制作方法 ①参照图示，用缝纫机将白色弹力蕾丝连接起来。
②缝合侧面，在上下方制作橡皮带的口，并穿入橡皮带，然后盖到灯罩骨架上。
③缝合印花布贴布。
④参照图示缝合花边和莱茵水晶石。
⑤在步骤④制作的布的下方两处，沿着框架的扇形边缝上打好褶的花边。
⑥在步骤⑤制作的布的上方缝上打好褶的花边和珠子绳。
⑦用缎带制作玫瑰花，并缝合固定。
★缎带玫瑰花的制作方法参见54页

<灯罩制作图示>

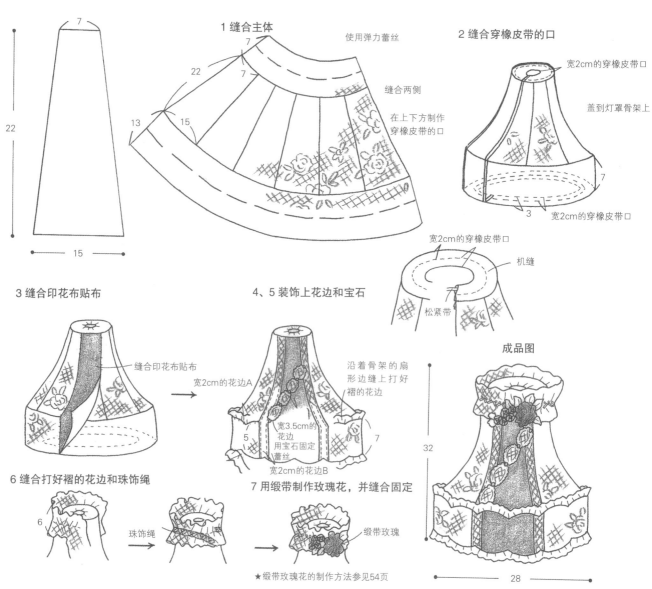

1 缝合主体
使用弹力蕾丝
缝合两侧
在上下方制作穿橡皮带的口

2 缝合穿橡皮带的口
宽2cm的穿橡皮带口
盖到灯罩骨架上
宽2cm的穿橡皮带口

宽2cm的穿橡皮带口
机缝
松紧带

3 缝合印花布贴布
缝合印花布贴布

4、5 装饰上花边和宝石
宽2cm的花边A
沿着骨架的扇形边缝上打好褶的花边
宽3.5cm的花边 用宝石固定蕾丝
宽2cm的花边B

6 缝合打好褶的花边和珠饰绳
珠饰绳

7 用缎带制作玫瑰花，并缝合固定
缎带玫瑰
★缎带玫瑰花的制作方法参见54页

成品图

23迷你拼布

材料

表布（含里布）…白色素布110cm×45cm，铺棉45cm×60cm，滚边布（斜裁布）…白色素布4cm×200cm，白地绿色边饰带200cm，填充棉、毛线各适量

成品尺寸　37cm×51cm

制作方法

①在表布上画上绗缝图案，将表布、铺棉、里布重叠后首先绗缝，然后穿毛线、塞填充棉。
②在步骤①制作好的布周边制作滚边。
③在滚边边缘缝上边饰带，完成制作。
★实物大小的部分绗缝图案参见纸型B面

<迷你拼布制作图示>

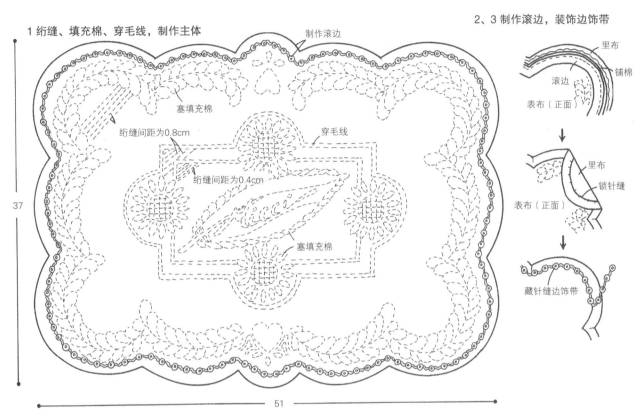

1 绗缝、填充棉、穿毛线，制作主体
制作滚边
塞填充棉
绗缝间距为0.8cm
穿毛线
绗缝间距为0.4cm
塞填充棉
37
51

2、3 制作滚边，装饰边饰带
里布
铺棉
滚边
表布（正面）
里布
锁针缝
表布（正面）
藏针缝边饰带

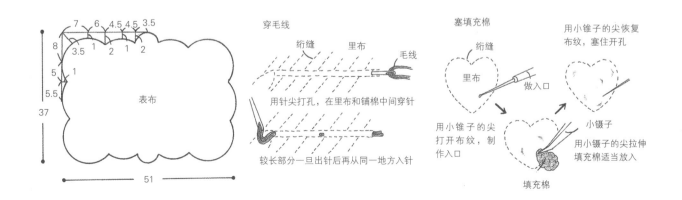

7　6　4.5 4.5　3.5
8
3.5　1　2　1　2
5　1
5.5
37
表布
51

穿毛线
绗缝
里布
毛线
用针尖打孔，在里布和铺棉中间穿针
较长部分一旦出针后再从同一地方入针

塞填充棉
绗缝
里布
做入口
用小锥子的尖打开布纹，制作入口
用小锥子的尖恢复布纹，塞住开孔
小镊子
用小镊子的尖拉伸填充棉适当放入
填充棉

25 迷你挂毯

材料 表布（含里布）…白色素布40cm×70cm，滚边布（斜裁布）…白色素布2.5cm×140cm，填充棉、棉纱线各适量
成品尺寸　27cm×25cm

制作方法
①在表布上临摹图案，和里布重叠后缝缀，并从里布后侧填塞填充棉和棉线。
②剪掉表布和里布的多余缝份，并在步骤①制作的布周边制作滚边。
★实物大小的图案参见纸型B面

<迷你挂毯制作图示>

★填充棉和棉线的填塞方法参照85页

包边宽0.4cm

纫缝间距为0.5cm

27

25

26 小垫布

材料 表布（含里布）…白色素布20cm×40cm，宽4.5cm的坯布花边110cm，填充棉、棉线各适量
成品尺寸 23cm×23cm

制作方法
①裁剪表布和里布，各预留缝份2cm。在表布上临摹图案，和里布重叠后缝缀。然后参照图示，从里布后填塞填充棉和棉线。
②剪掉里布的多余缝份，将表布的缝份三折后用卷针缝缝在反面。
③在表布的边缘缝上环形的蕾丝。
★实物大小的图案参见纸型A面

<小垫布制作图示> **1 在表布上临摹图案，和里布重叠后缝缀，然后填塞棉线和填充棉**

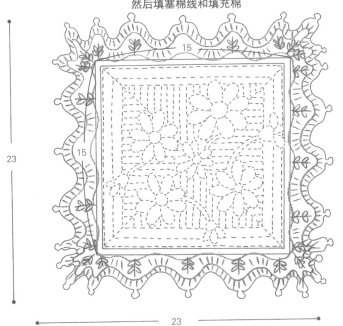

2 剪掉里布的缝份，将表布用卷针缝缝在反面

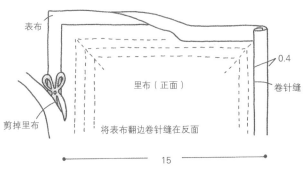

表布
里布（正面）
0.4
卷针缝
剪掉里布
将表布翻边卷针缝在反面
15

3 在周边缝合蕾丝

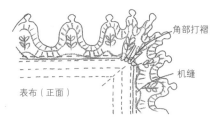

角部打褶
机缝
表布（正面）

白玉压线的制作方法<塞棉线>

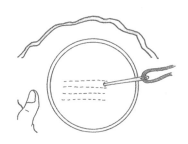

将临摹有图案的2块布重叠后缝缀，然后将里布放在上面，绷在刺绣环箍上，在表布和里布的中间填塞棉线

曲线部分使用毛线针从主体图案的一端入针穿入

途中出针后，在出孔处入针继续向前

用填充棒或小锥子塞入棉线，然后整理并堵住开孔

裁剪时留出一点余地

<塞填充棉>

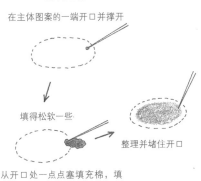

在主体图案的一端开口并撑开

填得松软一些

从开口处一点点塞填充棉，填棉线时可以用根数进行调整

整理并堵住开口

27 小型包

材料 表布（含里布）…白色素布50cm×70cm，铺棉40cm×55cm，滚边布（斜裁布）白色素布4cm×160cm，宽3cm的白色蕾丝花边170cm，白色边饰带160cm，小花边饰带50cm，长28cm的拉锁1条，直径2.5cm的纽扣1个，长4cm的流苏1个，填充棉、毛线各适量
成品尺寸 17cm×34cm

制作方法
①在表布上画上绗缝图案，和铺棉、里布重叠后绗缝，然后塞填充棉、穿毛线。
②在步骤①制作的布周边制作滚边。
③在滚边上缝上白色蕾丝花边，并在周边缝上边带。然后在盖子上再缝上小花边饰带。
④将底部的折线正面朝外折叠，锁缝住两侧。在入口处使用交叉缝缝合拉锁，并将棉布花边的左右2处固定在滚边上。
⑤在盖子上缝合缎带饰品和流苏，完成制作。

<小型包主体制作图示>

1、2 绗缝、塞填充棉、穿毛线，制作主体

3 制作滚边，缝上棉布花边和边饰带

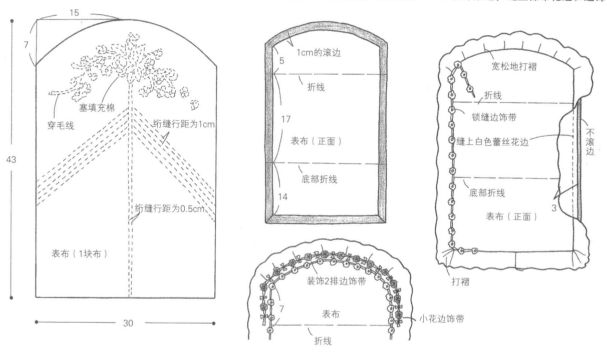

5 缝上纽扣和流苏

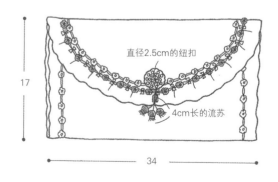

4 折叠底部折线并缝合两片，然后缝上拉锁

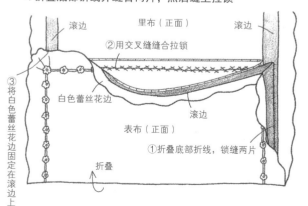

24、28 针插2件

材料

（24）表布…白色素布40cm×20cm，白色蕾丝布20cm×20cm，铺棉、垫布各20cm×25cm，直径6cm的饰花1个，边饰带、缎带、珍珠珠子、配件、填充棉各适量

（28）前片表布…白色棉印花布15cm×25cm，后片布…白色素布、白色蕾丝布各15cm×25cm，铺棉、垫布各20cm×30cm，宽4cm的坯布花边50cm，小花边饰带30cm，直径1.8cm的纽扣1个，长4cm的流苏1个，缝在流苏上的配件1个，填充棉适量

成品尺寸 请参照图示

制作方法

①参照图示，在前片表布上画上图案，与铺棉和垫布重叠后绗缝，然后塞填充棉。

②将蕾丝布重叠在后片布上并疏缝固定，然后和步骤①制作的布正面相对，预留返口后缝合。在缝份边缘剪齐铺棉，并剪牙口。

③翻到正面，从返口处塞填充棉，然后缝合返口。

④用珍珠珠子固定边饰带，然后缝上缎带、配件和饰花。

★28针插的制作方法相同

★实物大小的24和28图案参见纸型B面

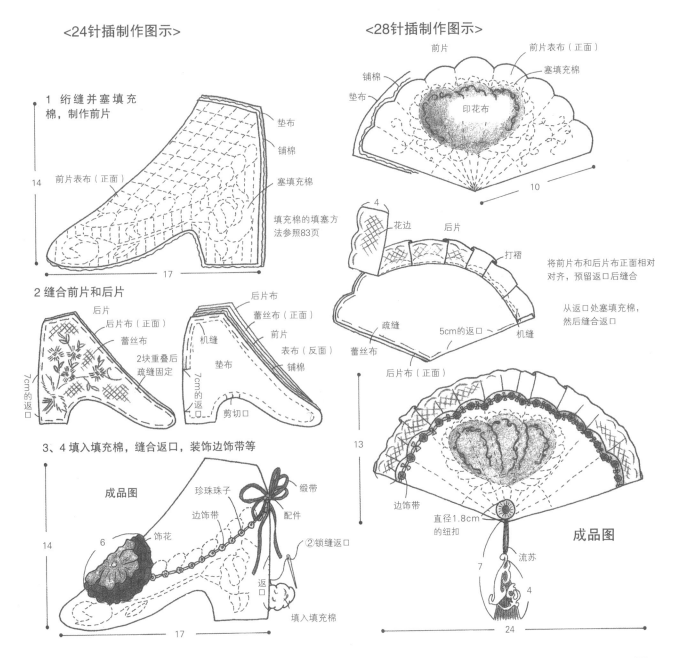

<24针插制作图示>

1 绗缝并塞填充棉，制作前片

14

前片表布（正面）

垫布
铺棉
塞填充棉

填充棉的填塞方法参照83页

17

2 缝合前片和后片

后片
后片布（正面）
蕾丝布
2块重叠后疏缝固定

7cm的返口

后片布
蕾丝布（正面）
前片
表布（反面）
垫布
铺棉
机缝
剪切口

7cm的返口

3、4 填入填充棉，缝合返口，装饰边饰带等

成品图

珍珠珠子
边饰带
饰花
6

缎带
配件
②锁缝返口
返口
填入填充棉

14

17

<28针插制作图示>

前片
铺棉
垫布
前片表布（正面）
塞填充棉
印花布

10

4
花边
后片
打褶

疏缝
5cm的返口
机缝
蕾丝布
后片布（正面）

将前片布和后片布正面相对对齐，预留返口后缝合

从返口处塞填充棉，然后缝合返口

13

边饰带
直径1.8cm的纽扣
7
流苏
4

成品图

24

版权所有，翻印必究
著作权合同登记号：图字 16—2011—166

园部美知子

东京都出身。在高岛屋宣研公司担任设计师，随后担任光明出版社ライトバブリシティ一的时装设计师。1983年，进入"心灵手巧拼布学校"（Hearts & Hands patchwork school）学习。很多作品在日本国内外大赛中获奖，现在日本各地不断举行作品展，并开展拼布作家活动。基于时装设计师的经验而制作的维多利亚风格拼布，充满了时尚气息，很受欢迎。著书有《园部美知子的拼布》等。现主持Micci Quilt工作室。

图书在版编目 (CIP) 数据

园部美知子玫瑰色拼布小物／（日）园部美知子著；
段帆译 .—郑州：河南科学技术出版社，2012.10
　ISBN 978-7-5349-5835-9

　Ⅰ．①园… Ⅱ．①园…②段… Ⅲ．①布料—手工艺品—制作
Ⅳ．① TS973.5

中国版本图书馆 CIP 数据核字（2012）第 143667 号

出版发行：河南科学技术出版社
　　　　　地址：郑州市经五路66号　　邮编：450002
　　　　　电话：（0371）65737028　65788613
　　　　　网址：www.hnstp.cn
策划编辑：刘　欣
责任编辑：刘　欣
责任校对：张小玲
封面设计：张　伟
责任印制：张艳芳
印　　刷：北京盛通印刷股份有限公司
经　　销：全国新华书店
幅面尺寸：210 mm×260 mm　　印张：5.5　字数：150 千字
版　　次：2012年10月第1版　　2012年10月第1次印刷
定　　价：46.00 元

如发现印、装质量问题，影响阅读，请与出版社联系调换。